# 計算
# せんもんドリル

# 3年

JN131627

3年 　　組

# 特色と使い方

● このドリルは、計算力を付けるための計算問題をせんもんにあつかったドリルです。

● 教科書ぴったりトレーニングに、このドリルの何ページをすればよいのかが書いてあります。教科書ぴったりトレーニングにあわせてお使いください。

教科書ぴったりトレーニングのここを見てね

## もくじ

### ⌂ おうちのかたへ

・お子さまがお使いの教科書や学校の学習状況により、ドリルのページが前後したり、学習されていない問題が含まれている場合がございます。お子さまの学習状況に応じてお使いください。

・お子さまがお使いの教科書により、教科書ぴったりトレーニングと対応していないページがある場合がございますが、お子さまの興味・関心に応じてお使いください。

# 1 10や0のかけ算

**1** 次の計算をしましょう。

月　日

① 2×10

② 8×10

③ 3×10

④ 6×10

⑤ 1×10

⑥ 10×7

⑦ 10×4

⑧ 10×9

⑨ 10×5

⑩ 10×10

**2** 次の計算をしましょう。

月　日

① 3×0

② 5×0

③ 1×0

④ 2×0

⑤ 6×0

⑥ 0×8

⑦ 0×4

⑧ 0×9

⑨ 0×7

⑩ 0×0

## 2 わり算①

**1** 次の計算をしましょう。

① $8 \div 2$　　　② $15 \div 5$

③ $0 \div 4$　　　④ $40 \div 8$

⑤ $14 \div 7$　　　⑥ $36 \div 4$

⑦ $48 \div 6$　　　⑧ $6 \div 1$

⑨ $63 \div 9$　　　⑩ $24 \div 3$

**2** 次の計算をしましょう。

① $6 \div 6$　　　② $36 \div 9$

③ $18 \div 2$　　　④ $45 \div 5$

⑤ $12 \div 4$　　　⑥ $63 \div 7$

⑦ $25 \div 5$　　　⑧ $0 \div 3$

⑨ $64 \div 8$　　　⑩ $2 \div 1$

## 3 わり算②

**1** 次の計算をしましょう。　　　月　　日

① 6÷2　　　　② 35÷5

③ 15÷3　　　　④ 42÷7

⑤ 16÷8　　　　⑥ 0÷5

⑦ 8÷1　　　　⑧ 72÷9

⑨ 54÷6　　　　⑩ 16÷4

**2** 次の計算をしましょう。　　　月　　日

① 10÷5　　　　② 36÷6

③ 81÷9　　　　④ 56÷8

⑤ 12÷3　　　　⑥ 1÷1

⑦ 14÷2　　　　⑧ 48÷8

⑨ 56÷7　　　　⑩ 8÷4

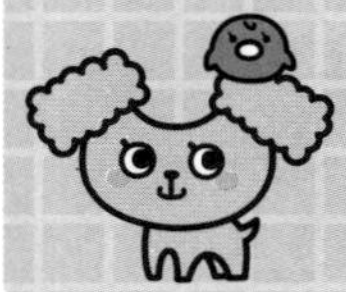

# 4 わり算③

★できた問題には、「た」をかこう！

できた 1　できた 2

**1** 次の計算をしましょう。

月　日

① 21÷3　② 45÷9

③ 28÷4　④ 72÷8

⑤ 4÷1　⑥ 30÷5

⑦ 49÷7　⑧ 24÷6

⑨ 27÷3　⑩ 16÷2

**2** 次の計算をしましょう。

月　日

① 8÷8　② 20÷4

③ 9÷3　④ 40÷5

⑤ 18÷9　⑥ 4÷2

⑦ 28÷7　⑧ 0÷1

⑨ 42÷6　⑩ 35÷7

# 5 わり算④

**1** 次の計算をしましょう。　　　　　　　月　　　日

① 24÷4　　　　　② 63÷9

③ 18÷6　　　　　④ 5÷1

⑤ 16÷8　　　　　⑥ 56÷7

⑦ 20÷5　　　　　⑧ 12÷3

⑨ 0÷6　　　　　⑩ 18÷2

**2** 次の計算をしましょう。　　　　　　　月　　　日

① 36÷9　　　　　② 32÷4

③ 6÷3　　　　　④ 9÷1

⑤ 45÷5　　　　　⑥ 81÷9

⑦ 12÷2　　　　　⑧ 24÷8

⑨ 48÷6　　　　　⑩ 7÷7

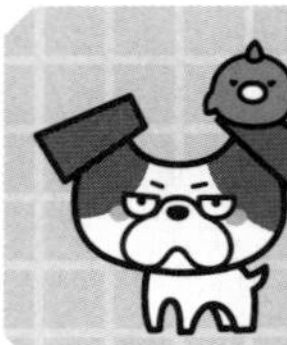

# 6 大きい数のわり算

★できた問題には、「た」をかこう！

1 でき　2 でき

**1** 次の計算をしましょう。

月　日

① 30÷3　② 50÷5

③ 80÷8　④ 60÷6

⑤ 70÷7　⑥ 40÷2

⑦ 60÷2　⑧ 80÷4

⑨ 90÷3　⑩ 60÷3

**2** 次の計算をしましょう。

月　日

① 28÷2　② 88÷4

③ 39÷3　④ 26÷2

⑤ 48÷4　⑥ 86÷2

⑦ 42÷2　⑧ 84÷4

⑨ 55÷5　⑩ 69÷3

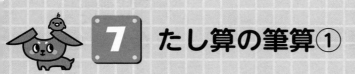 

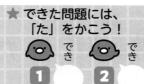

**1** 次の計算をしましょう。

月　　日

① 　815
　＋144

② 　234
　＋646

③ 　543
　＋308

④ 　271
　＋476

⑤ 　475
　＋148

⑥ 　433
　＋479

⑦ 　597
　＋255

⑧ 　865
　＋505

⑨ 　842
　＋698

⑩ 　996
　＋　7

**2** 次の計算を筆算でしましょう。

月　　日

① 579＋321

579
＋321
800
ダメ!!

② 365＋47

③ 478＋965

④ 35＋978

# 8 たし算の筆算②

★ できた問題には、
「た」をかこう！

でき 1　でき 2

**1** 次の計算をしましょう。

月　　　日

① 　432
　+254

② 　169
　+828

③ 　508
　+406

④ 　690
　+154

⑤ 　366
　+465

⑥ 　261
　+449

⑦ 　646
　+ 75

⑧ 　856
　+707

⑨ 　645
　+689

⑩ 　 37
　+988

**2** 次の計算を筆算でしましょう。

月　　　日

① 429+473

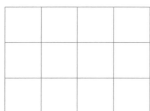

② 489+886

③ 212+788

④ 942+69

**1** 次の計算をしましょう。

月　　日

① 　143
　+449

② 　163
　+808

③ 　797
　+182

④ 　　92
　+152

⑤ 　185
　+397

⑥ 　294
　+478

⑦ 　357
　+　46

⑧ 　874
　+836

⑨ 　466
　+838

⑩ 　995
　+　9

**2** 次の計算を筆算でしましょう。

月　　日

① 695＋6

② 897＋394

③ 947＋89

④ 97＋906

**1** 次の計算をしましょう。

月　　　日

① 　378
　+413

② 　405
　+207

③ 　281
　+171

④ 　398
　+451

⑤ 　579
　+238

⑥ 　596
　+118

⑦ 　　19
　+794

⑧ 　886
　+765

⑨ 　879
　+934

⑩ 　986
　+　79

**2** 次の計算を筆算でしましょう。

月　　　日

① 25+776

② 579+892

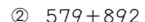
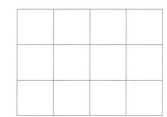

③ 657+545

④ 992+9

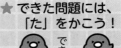
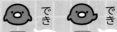
**1** 次の計算をしましょう。

月　　日

①　　487
　　－366

②　　584
　　－335

③　　887
　　－239

④　　275
　　－　49

⑤　　627
　　－436

⑥　　809
　　－352

⑦　　356
　　－295

⑧　　431
　　－187

⑨　　517
　　－399

⑩　　521
　　－498

**2** 次の計算を筆算でしましょう。

月　　日

① 440－279

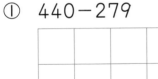

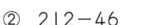
ダメ‼
440
－279
261

② 212－46

③ 708－19

④ 900－414

**1** 次の計算をしましょう。

月　　日

① 264
　−134

② 854
　−749

③ 860
　−748

④ 895
　−836

⑤ 563
　−391

⑥ 748
　−178

⑦ 208
　− 52

⑧ 758
　−169

⑨ 814
　−467

⑩ 300
　−196

**2** 次の計算を筆算でしましょう。

月　　日

① 331−237

② 803−608

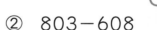

③ 700−5

④ 1000−738

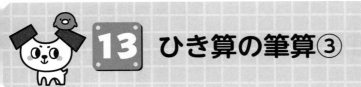

**1** 次の計算をしましょう。

月 日

① 
```
  6 3 3
-1 3 2
```

② 
```
  7 8 5
-1 2 9
```

③ 
```
  5 7 1
-1 4 8
```

④ 
```
  7 9 5
-  5 6
```

⑤ 
```
  9 2 6
-4 9 5
```

⑥ 
```
  6 7 8
-4 9 8
```

⑦ 
```
  8 0 5
-7 4 4
```

⑧ 
```
  9 3 2
-7 7 7
```

⑨ 
```
  8 2 2
-2 5 6
```

⑩ 
```
  8 0 0
-  8 6
```

**2** 次の計算を筆算でしましょう。

月 日

① 895−699

② 502−493

③ 400−8

④ 1000−57

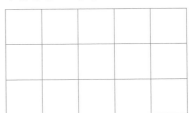

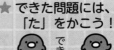
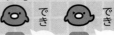

★できた問題には、
「た」をかこう！

でき 1 ○ でき 2 ○

**1** 次の計算をしましょう。

| | 月 | 日 |

①　　787
　　−415

②　　673
　　−544

③　　634
　　−506

④　　974
　　−947

⑤　　928
　　−343

⑥　　585
　　−395

⑦　　533
　　−471

⑧　　912
　　−283

⑨　　824
　　−　36

⑩　　1000
　　−　439

**2** 次の計算を筆算でしましょう。

| | 月 | 日 |

①　920−722

②　806−719

③　800−711

④　700−69

**1** 次の計算をしましょう。

月　　日

```
①    5120        ②    5693        ③    1412
    +3504            +  255            +4952
```

```
④     938        ⑤    6579        ⑥    5878
    +7856            +2228            +1951
```

```
⑦    5397        ⑧    2939        ⑨    6546
    +  876            +3967            +2586
```

**2** 次の計算を筆算でしましょう。

月　　日

① 1929+5165

② 8357+368

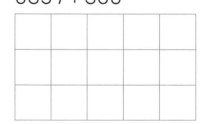

③ 7938+1192

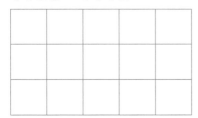

④ 48+4782

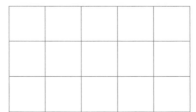

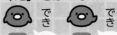

★ できた問題には、「た」をかこう！

でき 1 ○　でき 2 ○

---

**1** 次の計算をしましょう。

月　　日

① 
```
  3744
-  531
```

② 
```
  7769
- 7748
```

③ 
```
  8833
- 3805
```

④ 
```
  1763
-  839
```

⑤ 
```
  6997
- 6399
```

⑥ 
```
  9145
-  153
```

⑦ 
```
  4251
-  963
```

⑧ 
```
  3601
-  808
```

⑨ 
```
  7000
-  833
```

---

**2** 次の計算を筆算でしましょう。

月　　日

① 4037－1635

② 8183－3505

③ 5501－2862

④ 8007－58

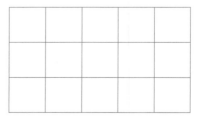

# 17 たし算の暗算

★できた問題には、「た」をかこう！

1 でき　2 でき

## 1 次の計算をしましょう。

月　日

① 12＋32　② 48＋31

③ 37＋22　④ 54＋34

⑤ 73＋15　⑥ 33＋50

⑦ 12＋68　⑧ 35＋25

⑨ 14＋56　⑩ 33＋27

## 2 次の計算をしましょう。

月　日

① 18＋28　② 67＋25

③ 77＋16　④ 59＋26

⑤ 42＋39　⑥ 24＋37

⑦ 68＋19　⑧ 39＋35

⑨ 67＋40　⑩ 44＋82

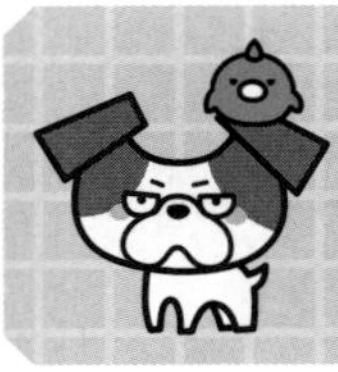

# 18 ひき算の暗算

★できた問題には、「た」をかこう！

できき 1　できき 2

**1** 次の計算をしましょう。　　月　日

① 44－23　　② 65－52

③ 38－11　　④ 77－56

⑤ 88－44　　⑥ 69－30

⑦ 46－26　　⑧ 93－43

⑨ 60－24　　⑩ 50－25

**2** 次の計算をしましょう。　　月　日

① 51－13　　② 63－26

③ 86－27　　④ 72－34

⑤ 31－18　　⑥ 56－39

⑦ 75－47　　⑧ 96－18

⑨ 100－56　　⑩ 100－73

# 19 あまりのあるわり算①

**1** 次の計算をしましょう。　　　　　月　　日

① 7÷2

② 12÷5

③ 23÷3

④ 46÷8

⑤ 77÷9

⑥ 22÷6

⑦ 40÷7

⑧ 17÷4

⑨ 19÷2

⑩ 35÷6

**2** 次の計算をしましょう。　　　　　月　　日

① 11÷3

② 19÷7

③ 35÷4

④ 49÷5

⑤ 58÷6

⑥ 9÷2

⑦ 23÷5

⑧ 16÷9

⑨ 45÷7

⑩ 71÷8

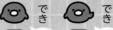

# 20 あまりのあるわり算②

**1** 次の計算をしましょう。

月　日

① 14÷8

② 60÷9

③ 28÷3

④ 27÷8

⑤ 11÷2

⑥ 34÷7

⑦ 22÷4

⑧ 20÷3

⑨ 38÷5

⑩ 16÷6

**2** 次の計算をしましょう。

月　日

① 84÷9

② 10÷4

③ 63÷8

④ 40÷6

⑤ 31÷4

⑥ 15÷2

⑦ 44÷5

⑧ 26÷6

⑨ 52÷9

⑩ 8÷3

# 21 あまりのあるわり算③

**1** 次の計算をしましょう。

月　　　日

① 54÷7

② 8÷5

③ 17÷3

④ 24÷9

⑤ 20÷8

⑥ 27÷4

⑦ 13÷2

⑧ 45÷6

⑨ 36÷8

⑩ 25÷7

**2** 次の計算をしましょう。

月　　　日

① 55÷8

② 15÷4

③ 67÷9

④ 25÷3

⑤ 50÷6

⑥ 29÷5

⑦ 60÷7

⑧ 5÷4

⑨ 17÷2

⑩ 18÷5

# 22 何十・何百のかけ算

**1** 次の計算をしましょう。

月　　　日

① 30×2

② 20×4

③ 80×8

④ 70×3

⑤ 20×7

⑥ 60×9

⑦ 90×4

⑧ 40×6

⑨ 50×6

⑩ 70×8

**2** 次の計算をしましょう。

月　　　日

① 100×4

② 300×3

③ 500×9

④ 800×3

⑤ 300×6

⑥ 700×5

⑦ 200×8

⑧ 900×7

⑨ 600×8

⑩ 400×5

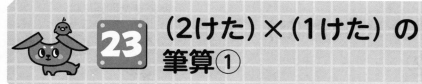

# 23 （2けた）×（1けた）の 筆算①

## 1 次の計算をしましょう。

月　　日

①
```
  1 2
×   4
```

②
```
  4 0
×   2
```

③
```
  1 6
×   6
```

④
```
  1 4
×   7
```

⑤
```
  8 2
×   3
```

⑥
```
  9 1
×   6
```

⑦
```
  7 3
×   8
```

⑧
```
  4 8
×   6
```

⑨
```
  1 4
×   8
```

⑩
```
  2 5
×   4
```

## 2 次の計算を筆算でしましょう。

月　　日

① 24×3

② 42×4

③ 33×9

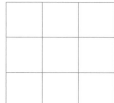
```
  3 3
×   9
─────
2 7 2 7
```
ダメ!! ✕

④ 34×3

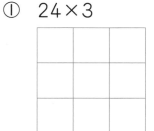

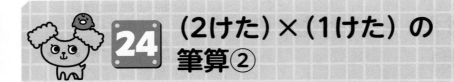

**1** 次の計算をしましょう。

月　　日

| ① | ② | ③ | ④ |
|---|---|---|---|
| 11 × 7 | 30 × 3 | 24 × 4 | 17 × 3 |

| ⑤ | ⑥ | ⑦ | ⑧ |
|---|---|---|---|
| 51 × 8 | 43 × 3 | 64 × 3 | 38 × 7 |

| ⑨ | ⑩ |
|---|---|
| 15 × 7 | 69 × 6 |

**2** 次の計算を筆算でしましょう。

月　　日

① 14×6

② 81×7

③ 24×8

④ 85×6

**1** 次の計算をしましょう。

月　　日

① 
```
  2 4
× 　2
```

② 
```
  2 0
× 　4
```

③ 
```
  1 5
× 　6
```

④ 
```
  3 6
× 　2
```

⑤ 
```
  7 2
× 　3
```

⑥ 
```
  3 1
× 　5
```

⑦ 
```
  4 4
× 　9
```

⑧ 
```
  9 7
× 　8
```

⑨ 
```
  3 9
× 　3
```

⑩ 
```
  7 5
× 　4
```

**2** 次の計算を筆算でしましょう。

月　　日

① 48×2

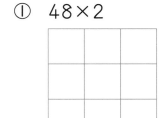

② 20×6

③ 23×8

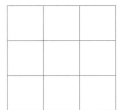

④ 38×9

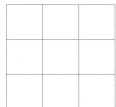

## 26 （2けた）×（1けた）の 筆算④

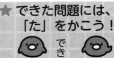

**1** 次の計算をしましょう。

月　　日

① 　41
　×　2

② 　20
　×　3

③ 　15
　×　3

④ 　28
　×　2

⑤ 　83
　×　2

⑥ 　91
　×　5

⑦ 　95
　×　5

⑧ 　47
　×　6

⑨ 　68
　×　3

⑩ 　38
　×　6

**2** 次の計算を筆算でしましょう。

月　　日

① 29×3

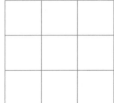

② 54×2

③ 55×9

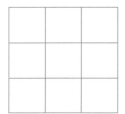

④ 25×8

★ できた問題には、「た」をかこう！

でき **1** ○ でき **2** ○

**1** 次の計算をしましょう。

月　　日

① 　143
　×　　2

② 　233
　×　　3

③ 　742
　×　　2

④ 　612
　×　　4

⑤ 　114
　×　　6

⑥ 　947
　×　　2

⑦ 　445
　×　　3

⑧ 　286
　×　　9

⑨ 　304
　×　　2

⑩ 　490
　×　　5

**2** 次の計算を筆算でしましょう。

月　　日

① 312×3

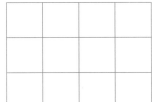

② 525×3

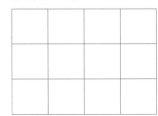

③ 491×6

④ 607×4

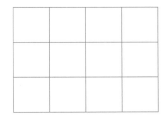

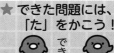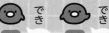
**1** 次の計算をしましょう。

月　　日

```
①    1 2 1      ②    3 2 1      ③    8 2 3      ④    5 1 3
   ×     4        ×     3        ×     2        ×     3
```

```
⑤    2 1 8      ⑥    7 2 4      ⑦    2 9 6      ⑧    2 5 6
   ×     3        ×     3        ×     2        ×     8
```

```
⑨    5 0 9      ⑩    5 2 0
   ×     7        ×     4
```

**2** 次の計算を筆算でしましょう。

月　　日

① 214×2

② 518×4

③ 561×5

④ 205×2

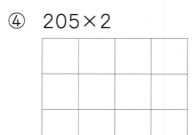

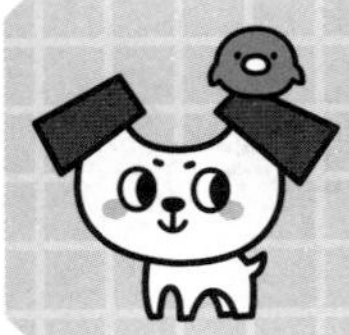

# 29 かけ算の暗算

★できた問題には、「た」をかこう！

1 でき　2 でき

**1** 次の計算をしましょう。

月　　日

① 11×5　　② 21×4

③ 43×2　　④ 32×3

⑤ 41×2　　⑥ 13×3

⑦ 34×2　　⑧ 31×2

⑨ 43×3　　⑩ 52×3

**2** 次の計算をしましょう。

月　　日

① 26×2　　② 17×3

③ 15×4　　④ 49×2

⑤ 23×4　　⑥ 28×3

⑦ 27×2　　⑧ 12×8

⑨ 25×3　　⑩ 19×4

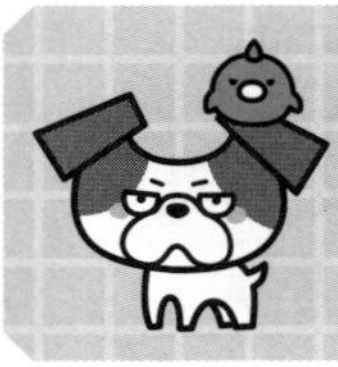

# 30 小数のたし算・ひき算

★できた問題には、「た」をかこう！

でき 1　でき 2

**1** 次の計算をしましょう。　　月　日

① 0.2＋0.3　　② 0.5＋0.4

③ 0.6＋0.4　　④ 0.2＋0.8

⑤ 0.7＋2.1　　⑥ 1＋0.3

⑦ 0.9＋0.2　　⑧ 0.8＋0.7

⑨ 0.6＋0.5　　⑩ 0.7＋0.6

**2** 次の計算をしましょう。　　月　日

① 0.4－0.3　　② 0.9－0.6

③ 1－0.1　　④ 1－0.7

⑤ 1.3－0.2　　⑥ 1.5－0.5

⑦ 1.1－0.3　　⑧ 1.4－0.5

⑨ 1.6－0.9　　⑩ 1.3－0.4

# 31 小数のたし算の筆算

**1** 次の計算をしましょう。

月　　日

```
①    1.2        ②    3.3        ③    1.7        ④    2.8
    +2.4            +2.5            +1.9            +1.4
```

```
⑤    2.5        ⑥    4.2        ⑦    2.7        ⑧    6.6
    +6.8            +1.9            +3.6            +2.8
```

```
⑨    7.9        ⑩    7.1
    +6              +0.9
```

**2** 次の計算を筆算でしましょう。

月　　日

① 1.3＋7.4

② 7.8＋2.9

③ 8＋4.1

```
    8
  +4.1
   4.9
```
ダメ!!

④ 5.6＋3.4

## 32 小数のひき算の筆算

**1** 次の計算をしましょう。

月　日

① 
```
  3.5
- 1.4
```

② 
```
  7.9
- 2.4
```

③ 
```
  5.2
- 2.5
```

④ 
```
  6.6
- 3.8
```

⑤ 
```
  9.5
- 4.9
```

⑥ 
```
  3.4
- 1.6
```

⑦ 
```
  1 1.7
-   9.8
```

⑧ 
```
  1 2.7
-   8.7
```

⑨ 
```
  5.1
- 4.8
```

⑩ 
```
  3
- 2.2
```

**2** 次の計算を筆算でしましょう。

月　日

① 7 − 1.5

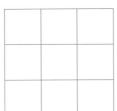

② 9.8 − 7

③ 4.2 − 1.2

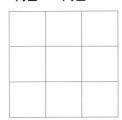

④ 10.3 − 9.4

# 33 分数のたし算・ひき算

**1** 次の計算をしましょう。　　　　月　日

① $\dfrac{1}{3}+\dfrac{1}{3}$

② $\dfrac{1}{4}+\dfrac{1}{4}$

③ $\dfrac{2}{5}+\dfrac{1}{5}$

④ $\dfrac{1}{7}+\dfrac{3}{7}$

⑤ $\dfrac{3}{10}+\dfrac{6}{10}$

⑥ $\dfrac{1}{8}+\dfrac{2}{8}$

⑦ $\dfrac{3}{4}+\dfrac{1}{4}$

⑧ $\dfrac{4}{6}+\dfrac{2}{6}$

**2** 次の計算をしましょう。　　　　月　日

① $\dfrac{2}{5}-\dfrac{1}{5}$

② $\dfrac{3}{6}-\dfrac{1}{6}$

③ $\dfrac{3}{4}-\dfrac{2}{4}$

④ $\dfrac{7}{8}-\dfrac{4}{8}$

⑤ $\dfrac{8}{9}-\dfrac{5}{9}$

⑥ $\dfrac{5}{7}-\dfrac{2}{7}$

⑦ $1-\dfrac{3}{8}$

⑧ $1-\dfrac{7}{10}$

# 34　何十をかけるかけ算

**1** 次の計算をしましょう。　　　　　　　月　　日

① 2×40　　　　　② 3×30

③ 5×20　　　　　④ 8×60

⑤ 7×80　　　　　⑥ 6×50

⑦ 9×30　　　　　⑧ 4×70

⑨ 5×90　　　　　⑩ 8×30

**2** 次の計算をしましょう。　　　　　　　月　　日

① 11×80　　　　② 21×40

③ 23×30　　　　④ 13×30

⑤ 42×20　　　　⑥ 40×40

⑦ 30×70　　　　⑧ 20×60

⑨ 80×50　　　　⑩ 90×40

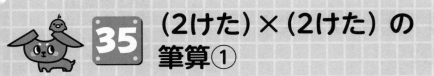

## 35 （2けた）×（2けた）の 筆算①

**1** 次の計算をしましょう。

月　日

```
①    1 3        ②    1 5        ③    2 5        ④    3 2
   × 1 2           × 1 3           × 2 1           × 1 6
```

```
⑤    1 7        ⑥    3 8        ⑦    3 9        ⑧    9 5
   × 5 9           × 3 2           × 7 3           × 3 4
```

```
⑨    8 0        ⑩    4 2
   × 6 4           × 3 0
```

**2** 次の計算を筆算でしましょう。

月　日

① 91×26　　　② 47×39　　　③ 82×25

**1** 次の計算をしましょう。

 月　日

① 　22
　×13

② 　17
　×31

③ 　24
　×23

④ 　21
　×26

⑤ 　93
　×12

⑥ 　83
　×92

⑦ 　47
　×75

⑧ 　86
　×65

⑨ 　90
　×39

⑩ 　16
　×80

**2** 次の計算を筆算でしましょう。

 月　日

① 31×61　　② 87×36　　③ 35×84

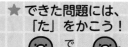

**1** 次の計算をしましょう。

月　　日

```
①    2 1        ②    1 4        ③    1 7        ④    2 5
   × 1 4           × 1 3           × 5 2           × 1 5
```

```
⑤    7 4        ⑥    3 9        ⑦    8 9        ⑧    4 8
   × 1 6           × 7 6           × 4 5           × 9 5
```

```
⑨    5 0        ⑩    9 2
   × 7 7           × 6 0
```

**2** 次の計算を筆算でしましょう。

月　　日

① 47×36　　　② 58×79　　　③ 25×46

★ できた問題には、「た」をかこう！
でき 1 　でき 2

**1** 次の計算をしましょう。

月　　日

```
①    1 2
   ×1 4
```
```
②    1 6
   ×6 1
```
```
③    2 5
   ×3 1
```
```
④    1 7
   ×4 7
```

```
⑤    2 4
   ×4 6
```
```
⑥    3 2
   ×4 6
```
```
⑦    6 9
   ×9 8
```
```
⑧    3 8
   ×7 5
```

```
⑨    7 0
   ×2 9
```
```
⑩    6 4
   ×3 0
```

**2** 次の計算を筆算でしましょう。

月　　日

① 52×47　　② 79×87　　③ 45×32

## 1 次の計算をしましょう。

月　　日

① 　　213
　 × 　13

② 　　257
　 × 　31

③ 　　328
　 × 　37

④ 　　341
　 × 　73

⑤ 　　198
　 × 　65

⑥ 　　420
　 × 　46

⑦ 　　672
　 × 　40

⑧ 　　300
　 × 　25

⑨ 　　608
　 × 　59

⑩ 　　305
　 × 　34

## 2 次の計算を筆算でしましょう。

月　　日

① 234×68　　　② 725×44　　　③ 508×80

## 40 （3けた）×（2けた）の 筆算②

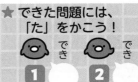
**1** 次の計算をしましょう。

月　　日

① 　431
　× 　23

② 　139
　× 　14

③ 　416
　× 　82

④ 　394
　× 　36

⑤ 　963
　× 　25

⑥ 　720
　× 　23

⑦ 　452
　× 　60

⑧ 　500
　× 　32

⑨ 　309
　× 　66

⑩ 　703
　× 　83

**2** 次の計算を筆算でしましょう。

月　　日

① 517×99

② 382×45

③ 108×90

# 答え

## 1 10や0のかけ算

**1**
①20　②80
③30　④60
⑤10　⑥70
⑦40　⑧90
⑨50　⑩100

**2**
①0　②0
③0　④0
⑤0　⑥0
⑦0　⑧0
⑨0　⑩0

## 2 わり算①

**1**
①4　②3
③0　④5
⑤2　⑥9
⑦8　⑧6
⑨7　⑩8

**2**
①1　②4
③9　④9
⑤3　⑥9
⑦5　⑧0
⑨8　⑩2

## 3 わり算②

**1**
①3　②7
③5　④6
⑤2　⑥0
⑦8　⑧8
⑨9　⑩4

**2**
①2　②6
③9　④7
⑤4　⑥1
⑦7　⑧6
⑨8　⑩2

## 4 わり算③

**1**
①7　②5
③7　④9
⑤4　⑥6
⑦7　⑧4
⑨9　⑩8

**2**
①1　②5
③3　④8
⑤2　⑥2
⑦4　⑧0
⑨7　⑩5

## 5 わり算④

**1**
①6　②7
③3　④5
⑤2　⑥8
⑦4　⑧4
⑨0　⑩9

**2**
①4　②8
③2　④9
⑤9　⑥9
⑦6　⑧3
⑨8　⑩1

## 6 大きい数のわり算

**1**
①10　②10
③10　④10
⑤10　⑥20
⑦30　⑧20

⑨30　⑩20

**2**
①14　②22
③13　④13
⑤12　⑥43
⑦21　⑧21
⑨11　⑩23

## 7 たし算の筆算①

**1**
①959　②880　③851　④747
⑤623　⑥912　⑦852　⑧1370
⑨1540　⑩1003

**2**

①
```
   5 7 9
+  3 2 1
   9 0 0
```

②
```
   3 6 5
+    4 7
   4 1 2
```

③
```
   4 7 8
+  9 6 5
 1 4 4 3
```

④
```
     3 5
+  9 7 8
 1 0 1 3
```

## 8 たし算の筆算②

**1**
①686　②997　③914　④844
⑤831　⑥710　⑦721　⑧1563
⑨1334　⑩1025

**2**

①
```
   4 2 9
+  4 7 3
   9 0 2
```

②
```
   4 8 9
+  8 8 6
 1 3 7 5
```

③
```
   2 1 2
+  7 8 8
 1 0 0 0
```

④
```
   9 4 2
+    6 9
 1 0 1 1
```

## 9 たし算の筆算③

**1**
①592　②971　③979　④244
⑤582　⑥772　⑦403　⑧1710
⑨1304　⑩1004

**2**

①
```
   6 9 5
+    6
   7 0 1
```

②
```
   8 9 7
+  3 9 4
 1 2 9 1
```

③
```
   9 4 7
+    8 9
 1 0 3 6
```

④
```
     9 7
+  9 0 6
 1 0 0 3
```

## 10 たし算の筆算④

**1**
①791 ②612 ③452 ④849
⑤817 ⑥714 ⑦813 ⑧1651
⑨1813 ⑩1065

**2**

①
```
    2 5
+ 7 7 6
  8 0 1
```

②
```
  5 7 9
+ 8 9 2
1 4 7 1
```

③
```
  6 5 7
+ 5 4 5
1 2 0 2
```

④
```
  9 9 2
+     9
1 0 0 1
```

## 11 ひき算の筆算①

**1**
①121 ②249 ③648 ④226
⑤191 ⑥457 ⑦61 ⑧244
⑨118 ⑩23

**2**

①
```
  4 4 0
- 2 7 9
  1 6 1
```

②
```
  2 1 2
-   4 6
  1 6 6
```

③
```
  7 0 8
-   1 9
  6 8 9
```

④
```
  9 0 0
- 4 1 4
  4 8 6
```

## 12 ひき算の筆算②

**1**
①130 ②105 ③112 ④59
⑤172 ⑥570 ⑦156 ⑧589
⑨347 ⑩104

**2**

①
```
  3 3 1
- 2 3 7
    9 4
```

②
```
  8 0 3
- 6 0 8
  1 9 5
```

③
```
  7 0 0
-     5
  6 9 5
```

④
```
1 0 0 0
-   7 3 8
    2 6 2
```

## 13 ひき算の筆算③

**1**
①501 ②656 ③423 ④739
⑤431 ⑥180 ⑦61 ⑧155
⑨566 ⑩714

**2**

①
```
  8 9 5
- 6 9 9
  1 9 6
```

②
```
  5 0 2
- 4 9 3
      9
```

③
```
  4 0 0
-     8
  3 9 2
```

④
```
1 0 0 0
-     5 7
    9 4 3
```

## 14 ひき算の筆算④

**1**
①372 ②129 ③128 ④27
⑤585 ⑥190 ⑦62 ⑧629
⑨788 ⑩561

**2**

①
```
  9 2 0
- 7 2 2
  1 9 8
```

②
```
  8 0 6
- 7 1 9
    8 7
```

③
```
  8 0 0
- 7 1 1
    8 9
```

④
```
  7 0 0
-   6 9
  6 3 1
```

## 15 4けたの数のたし算の筆算

**1**
①8624 ②5948 ③6364
④8794 ⑤8807 ⑥7829
⑦6273 ⑧6906 ⑨9132

**2**

①
```
  1 9 2 9
+ 5 1 6 5
  7 0 9 4
```

②
```
  8 3 5 7
+   3 6 8
  8 7 2 5
```

③
```
  7 9 3 8
+ 1 1 9 2
  9 1 3 0
```

④
```
      4 8
+ 4 7 8 2
  4 8 3 0
```

## 16 4けたの数のひき算の筆算

**1**
①3213 ②21 ③5028
④924 ⑤598 ⑥8992
⑦3288 ⑧2793 ⑨6167

**2**

①
```
  4 0 3 7
- 1 6 3 5
  2 4 0 2
```

②
```
  8 1 8 3
- 3 5 0 5
  4 6 7 8
```

③
```
  5 5 0 1
- 2 8 6 2
  2 6 3 9
```

④
```
  8 0 0 7
-     5 8
  7 9 4 9
```

## 17 たし算の暗算

**1**
①44 ②79
③59 ④88
⑤88 ⑥83
⑦80 ⑧60
⑨70 ⑩60

**2**
①46 ②92
③93 ④85
⑤81 ⑥61
⑦87 ⑧74
⑨107 ⑩126

## 18 ひき算の暗算

**1**
①21 ②13
③27 ④21
⑤44 ⑥39
⑦20 ⑧50
⑨36 ⑩25

**2**
①38 ②37
③59 ④38
⑤13 ⑥17
⑦28 ⑧78
⑨44 ⑩27

## 19 あまりのあるわり算①

**1**
①3あまり1 ②2あまり2
③7あまり2 ④5あまり6
⑤8あまり5 ⑥3あまり4
⑦5あまり5 ⑧4あまり1
⑨9あまり1 ⑩5あまり5

**2**
①3あまり2 ②2あまり5
③8あまり3 ④9あまり4
⑤9あまり4 ⑥4あまり1
⑦4あまり3 ⑧1あまり7
⑨6あまり3 ⑩8あまり7

## 20 あまりのあるわり算②

**1**
①1あまり6 ②6あまり6
③9あまり1 ④3あまり3
⑤5あまり1 ⑥4あまり6
⑦5あまり2 ⑧6あまり2
⑨7あまり3 ⑩2あまり4

**2**
①9あまり3 ②2あまり2
③7あまり7 ④6あまり4
⑤7あまり3 ⑥7あまり1
⑦8あまり4 ⑧4あまり2
⑨5あまり7 ⑩2あまり2

## 21 あまりのあるわり算③

**1**
①7あまり5 ②1あまり3
③5あまり2 ④2あまり6
⑤2あまり4 ⑥6あまり3
⑦6あまり1 ⑧7あまり3
⑨4あまり4 ⑩3あまり4

**2**
①6あまり7 ②3あまり3
③7あまり4 ④8あまり1
⑤8あまり2 ⑥5あまり4
⑦8あまり4 ⑧1あまり1
⑨8あまり1 ⑩3あまり3

## 22 何十・何百のかけ算

**1**
①60 ②80
③640 ④210
⑤140 ⑥540
⑦360 ⑧240
⑨300 ⑩560

**2**
①400 ②900
③4500 ④2400
⑤1800 ⑥3500
⑦1600 ⑧6300
⑨4800 ⑩2000

## 23 (2けた)×(1けた) の筆算①

**1**
①48 ②80 ③96 ④98
⑤246 ⑥546 ⑦584 ⑧288
⑨112 ⑩100

**2**

①
```
    2 4
×     3
    7 2
```

②
```
    4 2
×     4
  1 6 8
```

③
```
    3 3
×     9
  2 9 7
```

④
```
    3 4
×     3
  1 0 2
```

## 24 (2けた)×(1けた) の筆算②

**1**
①77 ②90 ③96 ④51
⑤408 ⑥129 ⑦192 ⑧266
⑨105 ⑩414

**2**

①
```
    1 4
×     6
    8 4
```

②
```
    8 1
×     7
  5 6 7
```

③
```
    2 4
×     8
  1 9 2
```

④
```
    8 5
×     6
  5 1 0
```

## 25 (2けた)×(1けた) の筆算③

**1**
①48 ②80 ③90 ④72
⑤216 ⑥155 ⑦396 ⑧776
⑨117 ⑩300

**2**

①
```
    4 8
×     2
    9 6
```

②
```
    2 0
×     6
  1 2 0
```

③
```
    2 3
×     8
  1 8 4
```

④
```
    3 8
×     9
  3 4 2
```

## 26 (2けた)×(1けた) の筆算④

**1** ①82 ②60 ③45 ④56
⑤166 ⑥455 ⑦475 ⑧282
⑨204 ⑩228

**2**
①
| | 2 | 9 |
|---|---|---|
| × | | 3 |
| | 8 | 7 |

②
| | 5 | 4 |
|---|---|---|
| × | | 2 |
| 1 | 0 | 8 |

③
| | 5 | 5 |
|---|---|---|
| × | | 9 |
| 4 | 9 | 5 |

④
| | 2 | 5 |
|---|---|---|
| × | | 8 |
| 2 | 0 | 0 |

## 27 (3けた)×(1けた) の筆算①

**1** ①286 ②699 ③1484 ④2448
⑤684 ⑥1894 ⑦1335 ⑧2574
⑨608 ⑩2450

**2**
①
| | 3 | 1 | 2 |
|---|---|---|---|
| × | | | 3 |
| | 9 | 3 | 6 |

②
| | 5 | 2 | 5 |
|---|---|---|---|
| × | | | 3 |
| 1 | 5 | 7 | 5 |

③
| | 4 | 9 | 1 |
|---|---|---|---|
| × | | | 6 |
| 2 | 9 | 4 | 6 |

④
| | 6 | 0 | 7 |
|---|---|---|---|
| × | | | 4 |
| 2 | 4 | 2 | 8 |

## 28 (3けた)×(1けた) の筆算②

**1** ①484 ②963 ③1646 ④1539
⑤654 ⑥2172 ⑦592 ⑧2048
⑨3563 ⑩2080

**2**
①
| | 2 | 1 | 4 |
|---|---|---|---|
| × | | | 2 |
| | 4 | 2 | 8 |

②
| | 5 | 1 | 8 |
|---|---|---|---|
| × | | | 4 |
| 2 | 0 | 7 | 2 |

③
| | 5 | 6 | 1 |
|---|---|---|---|
| × | | | 5 |
| 2 | 8 | 0 | 5 |

④
| | 2 | 0 | 5 |
|---|---|---|---|
| × | | | 2 |
| | 4 | 1 | 0 |

## 29 かけ算の暗算

**1** ①55 ②84
③86 ④96
⑤82 ⑥39
⑦68 ⑧62
⑨129 ⑩156

**2** ①52 ②51
③60 ④98
⑤92 ⑥84
⑦54 ⑧96
⑨75 ⑩76

## 30 小数のたし算・ひき算

**1** ①0.5 ②0.9
③1 ④1
⑤2.8 ⑥1.3
⑦1.1 ⑧1.5
⑨1.1 ⑩1.3

**2** ①0.1 ②0.3
③0.9 ④0.3
⑤1.1 ⑥1
⑦0.8 ⑧0.9
⑨0.7 ⑩0.9

## 31 小数のたし算の筆算

**1** ①3.6 ②5.8 ③3.6 ④4.2
⑤9.3 ⑥6.1 ⑦6.3 ⑧9.4
⑨13.9 ⑩8

**2**
①
| | 1. | 3 |
|---|---|---|
| + | 7. | 4 |
| | 8. | 7 |

②
| | 7. | 8 |
|---|---|---|
| + | 2. | 9 |
| 1 | 0. | 7 |

③
| | 8 | |
|---|---|---|
| + | 4. | 1 |
| 1 | 2. | 1 |

④
| | 5. | 6 |
|---|---|---|
| + | 3. | 4 |
| | 9. | 0 |

## 32 小数のひき算の筆算

**1** ①2.1 ②5.5 ③2.7 ④2.8
⑤4.6 ⑥1.8 ⑦1.9 ⑧4
⑨0.3 ⑩0.8

**2**
①
| | 7 | |
|---|---|---|
| − | 1. | 5 |
| | 5. | 5 |

②
| | 9. | 8 |
|---|---|---|
| − | 7 | |
| | 2. | 8 |

③
| | 4. | 2 |
|---|---|---|
| − | 1. | 2 |
| | 3. | 0 |

④
| 1 | 0. | 3 |
|---|---|---|
| − | 9. | 4 |
| | 0. | 9 |

## 33 分数のたし算・ひき算

**1**
①$\frac{2}{3}$  ②$\frac{2}{4}$
③$\frac{3}{5}$  ④$\frac{4}{7}$
⑤$\frac{9}{10}$  ⑥$\frac{3}{8}$
⑦$1\left(\frac{4}{4}\right)$  ⑧$1\left(\frac{6}{6}\right)$

**2** ①$\frac{1}{5}$　　②$\frac{2}{6}$

③$\frac{1}{4}$　　④$\frac{3}{8}$

⑤$\frac{3}{9}$　　⑥$\frac{3}{7}$

⑦$\frac{5}{8}$　　⑧$\frac{3}{10}$

## 34　何十をかけるかけ算

**1** ①80　②90
③100　④480
⑤560　⑥300
⑦270　⑧280
⑨450　⑩240

**2** ①880　②840
③690　④390
⑤840　⑥1600
⑦2100　⑧1200
⑨4000　⑩3600

## 35　(2けた)×(2けた)の筆算①

**1** ①156　②195　③525　④512
⑤1003　⑥1216　⑦2847　⑧3230
⑨5120　⑩1260

**2**
① 　91　② 　47　③ 　82
　×26　　×39　　×25
　546　　423　　410
　182　　141　　164
　2366　　1833　　2050

## 36　(2けた)×(2けた)の筆算②

**1** ①286　②527　③552　④546
⑤1116　⑥7636　⑦3525　⑧5590
⑨3510　⑩1280

**2**
① 　31　② 　87　③ 　35
　×61　　×36　　×84
　　31　　522　　140
　186　　261　　280
　1891　　3132　　2940

## 37　(2けた)×(2けた)の筆算③

**1** ①294　②182　③884　④375
⑤1184　⑥2964　⑦4005　⑧4560
⑨3850　⑩5520

**2**
① 　47　② 　58　③ 　25
　×36　　×79　　×46
　282　　522　　150
　141　　406　　100
　1692　　4582　　1150

## 38　(2けた)×(2けた)の筆算④

**1** ①168　②976　③775　④799
⑤1104　⑥1472　⑦6762　⑧2850
⑨2030　⑩1920

**2**
① 　52　② 　79　③ 　45
　×47　　×87　　×32
　364　　553　　　90
　208　　632　　135
　2444　　6873　　1440

## 39　(3けた)×(2けた)の筆算①

**1** ①2769　②7967　③12136　④24893
⑤12870　⑥19320　⑦26880　⑧7500
⑨35872　⑩10370

**2**
① 　234　② 　725　③ 　508
　× 68　　× 44　　× 80
　1872　　2900　　40640
　1404　　2900
　15912　　31900

## 40　(3けた)×(2けた)の筆算②

**1** ①9913　②1946　③34112　④14184
⑤24075　⑥16560　⑦27120　⑧16000
⑨20394　⑩58349

**2**
① 　517　② 　382　③ 　108
　× 99　　× 45　　× 90
　4653　　1910　　9720
　4653　　1528
　51183　　17190

# 教科書ぴったりトレーニング

# はなまるシール

- ★ ふろくの「がんばり表」に使おう！
- ★ はじめに、キミのおとも犬を選んで、がんばり表にはろう！
- ★ 学習が終わったら、がんばり表に「はなまるシール」をはろう！
- ★ 余ったシールは自由に使ってね。

## キミのおとも犬

## はなまるシール

## ごほうびシール

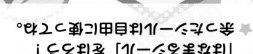

# 教科書ぴったりトレーニング 算数 3年 がんばり表

いつも見えるところに、この「がんばり表」をはっておこう。
この「ぴたトレ」を学習したら、シールをはろう！
どこまでがんばったかわかるよ。

すきななまえをつけてね！

なまえ

ぴた犬（おとも犬）シールをはろう

シールの中からすきなぴた犬をえらぼう。

## おうちのかたへ

がんばり表のデジタル版「デジタルがんばり表」では、デジタル端末でも学習の進捗記録をつけることができます。1冊やり終えると、抽選でプレゼントが当たります。「ぴたサポシステム」にご登録いただき、「デジタルがんばり表」をお使いください。LINE または PC・ブラウザを利用する方法があります。

 LINE用　
 PC・ブラウザ用　

★ ぴたサポシステムご利用ガイドはこちら ★
https://www.shinko-keirin.co.jp/shinko/news/pittari-support-system

---

## 5. 長さ
- 32〜33ページ ぴったり3 できたらシールをはろう
- 30〜31ページ ぴったり12 できたらシールをはろう

## 4. わり算
- 28〜29ページ ぴったり3 できたらシールをはろう
- 26〜27ページ ぴったり12 できたらシールをはろう
- 24〜25ページ ぴったり12 できたらシールをはろう
- 22〜23ページ ぴったり12 できたらシールをはろう

## 3. たし算とひき算
- 20〜21ページ ぴったり3 できたらシールをはろう
- 18〜19ページ ぴったり12 できたらシールをはろう
- 16〜17ページ ぴったり12 できたらシールをはろう
- 14〜15ページ ぴったり12 できたらシールをはろう

## 2. 時こくと時間
- 12〜13ページ ぴったり3 できたらシールをはろう
- 10〜11ページ ぴったり12 できたらシールをはろう

## 1. かけ算のきまり
- 8〜9ページ ぴったり3 できたらシールをはろう
- 6〜7ページ ぴったり12 できたらシールをはろう
- 4〜5ページ ぴったり12 できたらシールをはろう
- 2〜3ページ ぴったり12 できたらシールをはろう

スタート

## 6. 表とぼうグラフ
- 34〜35ページ ぴったり12 できたらシールをはろう
- 36〜37ページ ぴったり12 できたらシールをはろう
- 38〜39ページ ぴったり3 できたらシールをはろう

## 7. あまりのあるわり算
- 40〜41ページ ぴったり12 できたらシールをはろう
- 42〜43ページ ぴったり12 できたらシールをはろう
- 44〜45ページ ぴったり3 できたらシールをはろう

## ★なみ木道
- 46〜47ページ できたらシールをはろう

## 8. 10000より大きい数
- 48〜49ページ ぴったり12 できたらシールをはろう
- 50〜51ページ ぴったり12 できたらシールをはろう
- 52〜53ページ ぴったり3 できたらシールをはろう

## 9. 円と球
- 54〜55ページ ぴったり12 できたらシールをはろう
- 56〜57ページ ぴったり12 できたらシールをはろう
- 58〜59ページ ぴったり3 できたらシールをはろう

## 10. かけ算の筆算
- 60〜61ページ ぴったり12 できたらシールをはろう
- 62〜63ページ ぴったり12 できたらシールをはろう
- 64〜65ページ ぴったり3 できたらシールをはろう

## 15. 小数
- 92〜93ページ ぴったり3 できたらシールをはろう
- 90〜91ページ ぴったり12 できたらシールをはろう
- 88〜89ページ ぴったり12 できたらシールをはろう

## 14. □を使った式と図
- 86〜87ページ ぴったり12 できたらシールをはろう
- 84〜85ページ ぴったり3 できたらシールをはろう

## 13. 三角形
- 82〜83ページ ぴったり3 できたらシールをはろう
- 80〜81ページ ぴったり12 できたらシールをはろう
- 78〜79ページ ぴったり12 できたらシールをはろう

## 12. 分数
- 76〜77ページ ぴったり3 できたらシールをはろう
- 74〜75ページ ぴったり12 できたらシールをはろう
- 72〜73ページ ぴったり12 できたらシールをはろう

## 11. 重さ
- 70〜71ページ ぴったり3 できたらシールをはろう
- 68〜69ページ ぴったり12 できたらシールをはろう
- 66〜67ページ ぴったり12 できたらシールをはろう

## 16. 2けたの数のかけ算
- 94〜95ページ ぴったり12 できたらシールをはろう
- 96〜97ページ ぴったり12 できたらシールをはろう
- 98〜99ページ ぴったり12 できたらシールをはろう
- 100〜101ページ ぴったり3 できたらシールをはろう

## 17. 倍の計算
- 102〜103ページ ぴったり12 できたらシールをはろう
- 104〜105ページ ぴったり3 できたらシールをはろう

## 18. そろばん
- 106〜107ページ できたらシールをはろう

## 活用 算数をつかって考えよう
- 108〜109ページ できたらシールをはろう

## 3年のまとめ
- 110〜112ページ できたらシールをはろう

ゴール

さいごまでがんばったキミは「ごほうびシール」をはろう！

ごほうびシールをはろう

# 教科書ぴったり トレーニングの使い方

『ぴたトレ』は教科書にぴったり合わせて使うことができるよ。教科書も見ながら、勉強していこうね。ぴた犬たちが勉強をサポートするよ。

## ふだんの学習

### ぴったり1 じゅんび

教科書のだいじなところをまとめていくよ。
 でどんなことを勉強するかわかるよ。
問題に答えながら、わかっているかかくにんしよう。
QRコードから「3分でまとめ動画」が見られるよ。

※QRコードは株式会社デンソーウェーブの登録商標です。

### ぴったり2 練習

「ぴったり1」で勉強したことが身についているかな？かくにんしながら、練習問題に取り組もう。

★できた問題には、「た」をかこう！★
でき①　でき②　でき③　でき④

### ぴったり3 たしかめのテスト

「ぴったり1」「ぴったり2」が終わったら取り組んでみよう。
学校のテストの前にやってもいいね。
わからない問題は、 ふりかえり を見て前にもどってかくにんしよう。

## 実力チェック

- ★ 夏のチャレンジテスト
- ❄ 冬のチャレンジテスト
- ▲ 春のチャレンジテスト

夏休み、冬休み、春休み前に使いましょう。
学期の終わりや学年の終わりのテストの前にやってもいいね。

- 3年 算数のまとめ 学力しんだんテスト

ふだんの学習が終わったら、「がんばり表」にシールをはろう。

## 別冊

### 答えとてびき

うすいピンク色のところには「答え」が書いてあるよ。
取り組んだ問題の答え合わせをしてみよう。わからなかった問題やまちがえた問題は、右の「てびき」を読んだり、教科書を読み返したりして、もう一度見直そう。

# もくじ

## 算数3年
教育出版版
小学算数

# 教科書ぴったりトレーニング

▶ 3分でまとめ動画

=""

**1** かけ算のきまり
# 0のかけ算

教科書 上 11〜14 ページ 答え 1 ページ

✏️ 次の ◯ にあてはまる数を書きましょう。

🎯 **めあて** 0のかけ算ができるようにしよう。

練習 ① ② ③ →

🐾 **0のかけ算**

どんな数に0をかけても、答えは0になります。

また、0にどんな数をかけても、答えは0になります。

> 数が0のときも、かけ算の式に表せるよ。

**1** ことはさんがおはじきを使って点とり遊びをしたら、右のようになりました。

とく点をもとめましょう。

**ことはさんのとく点**

| 点数 | 入った数（こ） | とく点（点） |
|---|---|---|
| 10点 | 2 | |
| 5点 | 0 | |
| 0点 | 5 | |

> 0点
> 5点
> 10点

（1） 10点のところ　　　（2） 5点のところ　　　（3） 0点のところ

**とき方** （1） 点数 × 入った数（こ） ＝ とく点（点）

なので、式は 10×2 になります。

10×2 は、10 が 2 こ分で、10＋10＝ ◯

式　10×2＝ ◯　　　　　　　　　　答え ◯ 点

（2） 5点のところに入った数は0こなので、とく点は0点になります。

式　5×0＝ ◯　　　　　　　　　　答え ◯ 点

> どんな数に
> 0をかけても
> 答えは0だね。

（3） 0点のところに何こ入っていても、とく点は0点になります。

式　0× ◯ ＝ ◯　　　　　　　　　答え ◯ 点

> 0にどんな数を
> かけても答えは
> 0になるよ。

ぴったり2
# 練習

★ できた問題には、「た」を書こう！★
でき ① た  でき ②  でき ③

学習日
月　　　日

教科書　上 11〜14 ページ　　答え　1 ページ

**1** 計算をしましょう。

教科書 14 ページ ①

① 1×0

② 4×0

③ 8×0

④ 9×0

**2** 計算をしましょう。

教科書 14 ページ ①

① 0×7

② 0×2

③ 0×5

④ 0×0

**3** ひびきさんがおはじきを使って点とり遊びをしたら、次のようになりました。とく点をもとめましょう。

教科書 13 ページ **1**

ひびきさんのとく点

| 点数 | 入った数（こ） | とく点（点） |
|---|---|---|
| 10点 | 4 | |
| 6点 | 0 | |
| 2点 | 3 | |
| 0点 | 1 | |

点数 × 入った数（こ）
＝ とく点（点）
の式でもとめられるよ。

① 10点のところ

式　　　　　　　　　　　　　　　　答え（　　　　　　）

② 6点のところ

式　　　　　　　　　　　　　　　　答え（　　　　　　）

③ 2点のところ

式　　　　　　　　　　　　　　　　答え（　　　　　　）

④ 0点のところ

式　　　　　　　　　　　　　　　　答え（　　　　　　）

ヒント　**1 2** 0は何もないことを表しているので、0×□ や □×0 の答えはすべて0になります。

1 かけ算のきまり

# かけ算のきまり

教科書 上15〜19ページ　答え 1ページ

✎ 次の◯にあてはまる数を書きましょう。

めあて かけ算のきまりがわかるようにしよう。　練習 ①→

🐾 かける数と答えの関係

★かける数が | ふえると、答えはかけられる数だけふえます。

★かける数が | へると、答えはかけられる数だけへります。

🐾 交かんのきまり

かけ算では、かけられる数とかける数を入れ

かえて計算しても、答えは同じになります。

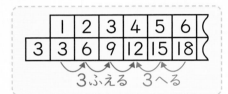

| 1 | 2 | 3 | 4 | 5 | 6 |
|---|---|---|---|---|---|
| 3 | 3 | 6 | 9 | 12 | 15 | 18 |

3ふえる　3へる

**1** □にあてはまる数を書きましょう。

(1) 3×5 の答えは、3×4 の答えより□大きい。

(2) 6×8=6×9−□　　　(3) 4×3=□×4

とき方 (1) 3×4 よりかける数が | ふえているので、答えは◯◯◯大きくなります。

(2) 6のだんでは、かける数が | へると、答えは◯◯◯小さくなります。

(3) 4と3を入れかえても、答えは同じになるので、4×3=◯◯◯×4

めあて 分配のきまりを使ってかけ算ができるようにしよう。　練習 ②③④→

🐾 分配のきまり

かけ算では、かけられる数やかける数を分けて計算しても、答えは同じになります。

**2** □にあてはまる数を書きましょう。

(1) 4×7=(4×2)+(4×□)　　　(2) 12×4=□

とき方 (1) 4×7=(4×2)+(4×◯◯◯)

= 8+20 = ◯◯◯

(2) 12 をたとえば ① 8 と ② ◯◯◯ に分けます。

12×4 ＜ ① ◯◯◯×4=32
② ◯◯◯×4=16

あわせて ③ ◯◯◯

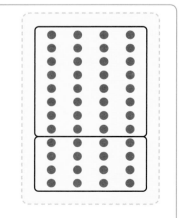

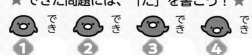

★ できた問題には、「た」を書こう！★

でき ① でき ② でき ③ でき ④

教科書　上 15〜19 ページ　答え　2 ページ

**1** □にあてはまる数を書きましょう。　教科書 15 ページ ❷

① 2×7 の答えは、2×6 の答えより □ 大きい。

② 4×8 の答えは、4×9 の答えより □ 小さい。

③ 6×4＝6×3＋□

④ 8×8＝8×□−8

⑤ 3×7＝□×3

⑥ 2×6＝6×□

**2** □にあてはまる数を書きましょう。　教科書 17 ページ ❸

① 7×7＝(6×7)＋(□×7)

② 6×5＝(□×5)＋(2×5)

**3** □にあてはまる数を書きましょう。　教科書 17 ページ ❸

① 7×9＝(7×6)＋(7×□)

② 9×8＝(9×□)＋(9×5)

**4** 分配のきまりを使って、計算をしましょう。　教科書 19 ページ ❹

① 11×6

② 12×3

③ 2×16

④ 7×18

①と②は
かけられる数を、
③と④は
かける数を
分けて考えよう。

ヒント　❹ ① 11 は、2と9、3と8、4と7、5と6などに分けられます。
③ 2×16＝16×2 として、16 を分けて考えることもできます。

ぴったり **1**

じゅんび

**1** かけ算のきまり

何十、何百のかけ算
3つの数のかけ算　　かけ算を使って

学習日　　月　　日

教科書 上 20〜22 ページ　答え 2 ページ

✏ 次の ▭ にあてはまる数を書きましょう。

**◎ めあて** 何十、何百のかけ算ができるようにしよう。　　　練習 **1 2** →

🐾 **何十、何百のかけ算**

　10 や 100 のまとまりが何こあるか考えると、九九を
使ってもとめることができます。

$4 \times 2 = 8$
$40 \times 2 = 80$
$400 \times 2 = 800$

**1** 計算をしましょう。

(1) $30 \times 2$　　　　　　　　　　(2) $200 \times 6$

**とき方** 10 や 100 のまとまりが何こあるか考えて、九九を使ってもとめます。

(1) 30 を 10 のまとまりが 3 ことみて、10 が $(3 \times 2)$ こ。

$3 \times 2 =$ ▭　　➡　$30 \times 2 =$ ▭

(2) 200 を 100 のまとまりが 2 ことみて、100 が $(2 \times 6)$ こ。

$2 \times 6 =$ ▭　　➡　$200 \times 6 =$ ▭

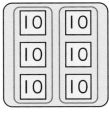

**◎ めあて** 結合のきまりを使って 3 つの数のかけ算ができるようにしよう。　　練習 **3** →

🐾 **結合のきまり**

　かけ算では、前からじゅんにかけても、
後の 2 つを先にかけても、答えは同じになります。

$4 \times 3 \times 2 = 12 \times 2$　　　　$4 \times (3 \times 2) = 4 \times 6$

$\qquad\qquad = 24$　　　　　　　　　　　$= 24$

└──────答えは同じ──────┘

$4 \times 3 \times 2 = 4 \times (3 \times 2)$

このきまりを使って
計算すると、早い
場合があるよ。

**2** $10 \times 2 \times 3$ を、2 通りのしかたで計算しましょう。

**とき方** **計算のしかた 1**

前からじゅんにかける。

$10 \times 2 \times 3 =$ ①▭ $\times 3$

$\qquad\quad =$ ②▭

**計算のしかた 2**

後の 2 つを先にかける。

$10 \times (2 \times 3) = 10 \times$ ③▭

$\qquad\qquad\quad =$ ④▭

└─────答えは同じ─────┘

★ できた問題には、「た」を書こう！★
でき 1　でき 2　でき 3　でき 4

教科書　上 20〜22 ページ　答え　3 ページ

**1** 計算をしましょう。

教科書　20 ページ 5

① 20×2

② 40×3

10 のまとまりが何こあるかな。

③ 50×9

④ 90×2

! まちがい注意

**2** 計算をしましょう。

教科書　20 ページ 6

① 200×4

② 100×5

100 のまとまりが何こあるかな。

③ 700×3

④ 500×8

**3** それぞれ、2 通りのしかたで計算しましょう。

教科書　21 ページ 7

① 3×3×2

② 50×2×4

( 　　　　　　　　 )　( 　　　　　　　　 )

( 　　　　　　　　 )　( 　　　　　　　　 )

**4** □ にあてはまる数を書きましょう。

教科書　22 ページ 8・9

① 5×□=40　② □×7=56

②は、□×7＝7×□ とも考えられるね。

 ヒント　**3** 3つの数のかけ算では、じゅんじょをかえても答えはかわりません。
　　　　　① 前からじゅんにかけると9×2、後の2つを先にかけると3×6になります。

① **かけ算のきまり**

知識・技能　　　　　　　　　　　　　　　　　　　　　　/70点

**1** □にあてはまる数を書きましょう。　　　全部できて　1問2点(6点)

① 3×8 の答えは、3×7 の答えより □ 大きい。

② 9×5 の答えは、9×6 の答えより □ 小さい。

③ 2×7 の答えは、2× □ より2大きくて、2×8 より □ 小さい。

**2** よく出る □にあてはまる数を書きましょう。　　　1つ2点(8点)

① 5×2＝5×1＋□

② 7×6＝7×□−7

③ 4×5＝□×4

④ 6×9＝9×□

**3** よく出る □にあてはまる数を書きましょう。　　　1つ2点(16点)

① 4×3＝(4×1)＋(4×□)

② 8×9＝(8×4)＋(□×5)

③ 6×7＝(3×□)＋(3×7)

④ 5×9＝(□×9)＋(3×9)

⑤ 2×□＝16

⑥ 9×□＝81

⑦ □×5＝35

⑧ □×8＝40

**4** よく出る 計算をしましょう。 1つ3点(24点)

① 6×0
② 0×8
③ 13×0
④ 50×0

⑤ 40×4
⑥ 20×5
⑦ 100×9
⑧ 700×2

**5** それぞれ、2通りのしかたで計算しましょう。 ( )1つ4点(16点)

① 30×3×3
② 20×4×2

( )
( )
( )
( )

思考・判断・表現 ／30点

**6** りおさんは、14×3の答えを、次の2通りのしかたでもとめました。

□にあてはまる数を書きましょう。 □1つ2点(10点)

もとめ方1

$$14×3 \begin{cases} 10 ×3= 30 \\ ①\boxed{\phantom{0}}×3=②\boxed{\phantom{0}} \end{cases}$$

あわせて ③\boxed{\phantom{0}}

もとめ方2

14×1= 14
14×2= 28
14×3=⑤\boxed{\phantom{0}}

④\boxed{\phantom{0}}をたす。

でき たらスゴイ!

**7** るいさんがおはじきを使って点とり
遊びをしたら、右のようになりました。
式・答え 1つ2点(20点)

① それぞれのところのとく点をもとめ
る式と答えを書きましょう。

るいさんのとく点

| 点数 | 入った数(こ) | とく点(点) |
|---|---|---|
| 100点 | 3 | |
| 10点 | 0 | |
| 5点 | 4 | |
| 0点 | 7 | |

100点 式

答え ( )

10点 式

答え ( )

5点 式

答え ( )

0点 式

答え ( )

② とく点の合計をもとめましょう。

式

答え ( )

ふりかえり ①がわからないときは、4ページの①にもどってかくにんしてみよう。

ふろくの「計算せんもんドリル」①もやってみよう!

9

# ぴったり1 じゅんび

3分でまとめ

② 時こくと時間
**（時こくと時間の計算）**
**短い時間の単位**

教科書　上 26〜34 ページ　　答え　5 ページ

✏ 次の◯にあてはまる数を書きましょう。

◎めあて **時こくや時間をもとめられるようにしよう。**　　練習 ❶ ❷➡

🐾 **時こくをもとめる**

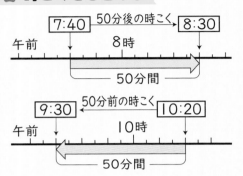

🐾 **時間をもとめる**

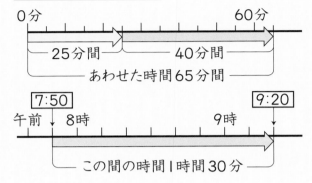

**1** 次の時こくや時間をもとめましょう。

(1) 午前 10 時 40 分から 50 分後の時こく

(2) 午前 10 時 20 分から午前 11 時 30 分までの時間

**とき方** (1)

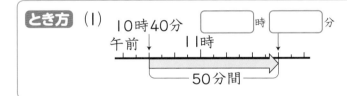

(2)

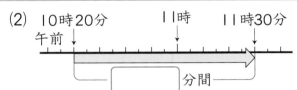

◎めあて **短い時間の単位が使えるようにしよう。**　　練習 ❸ ❹➡

🐾 **時間の単位　秒**

1分より短い時間の単位に秒があります。

| 1分＝60秒 |

**2** 次のストップウォッチは、何秒を表しているでしょうか。

(1)

(2)

1秒で1めもり進んで、60秒でひとまわりするよ。

**とき方** 短い時間をはかるには、ストップウォッチを使います。

(1) 大きく書かれた数字のうち、右の2けたが秒を表しているので、◯秒。

(2) はりは1秒で1めもり進むので、◯秒。

# 練習

学習日　　　月　　　日

教科書 上 26〜34 ページ 　答え 5 ページ

## 1 次の時こくをもとめましょう。

教科書 27 ページ 1、32 ページ 2

① 午前 8 時 35 分から 50 分後の時こく

（　　　　　　　　　）

② 午後 6 時 45 分から 1 時間 40 分後の時こく

（　　　　　　　　　）

③ 午後 3 時 30 分の 45 分前の時こく

（　　　　　　　　　）

④ 午前 11 時 40 分の 1 時間 20 分前の時こく

（　　　　　　　　　）

時こくをいう
ときには、
午前、午後
をつけて表そう。

## 2 次の時間をもとめましょう。

教科書 33 ページ 3・4

① 35 分間と 45 分間をあわせた時間

（　　　　　　　　　）

② 午後 10 時 15 分から午後 11 時 50 分までの時間

（　　　　　　　　　）

③ 午前 11 時 25 分から午後 2 時までの時間

（　　　　　　　　　）

## 3 □ にあてはまる数を書きましょう。

教科書 34 ページ 5

①　1 分 15 秒 ＝ □ 秒　　　　②　3 分 ＝ □ 秒

③　80 秒 ＝ □ 分 □ 秒　　　　④　2 分 28 秒 ＝ □ 秒

🔍 よくみて

## 4 どちらの時間が長いでしょうか。

教科書 34 ページ 5

①　（75 秒、1 分）　　　　②　（2 分、110 秒）

（　　　　　　　　　）　　　　　　　　　（　　　　　　　　　）

ヒント　④ 分と秒で、くらべる長さの単位がちがっているとわかりにくいので、
どちらかの単位にそろえてから、時間をくらべます。

ぴったり3
たしかめのテスト

② 時こくと時間

時間 30分
／100
ごうかく 80点

教科書 上 26〜37 ページ　答え 6 ページ

知識・技能　　　　　　　　　　　　　　　　　　　　　　／76点

**1** よく出る □にあてはまる数を書きましょう。　全部できて 1問3点(12点)

① 2分＝ □ 秒

② 100秒＝ □ 分 □ 秒

③ 150秒＝ □ 分 □ 秒

④ 1分20秒＝ □ 秒

**2** □にあてはまる単位を書きましょう。　1つ3点(12点)

① 算数の宿題をする時間　　　　　　　　　20 □

② 朝ごはんから夕ごはんまでの時間　　　　11 □

③ まばたきをしてから、次のまばたきまでの時間　　5 □

④ テレビでアニメ番組を1つ見る時間　　　30 □

**3** どちらの時間が長いでしょうか。　1つ4点(16点)

① （80秒、1分）

② （2分、150秒）

（　　　　　）

（　　　　　）

③ （1分15秒、90秒）

④ （190秒、3分）

（　　　　　）

（　　　　　）

**4** よく出る 次の時こくや時間をもとめましょう。

① 午後4時25分から50分後の時こく

（　　　　　　　　　　　）

② 午前7時40分から1時間10分後の時こく

（　　　　　　　　　　　）

③ 午後0時15分の25分前の時こく

（　　　　　　　　　　　）

④ 50分間と25分間をあわせた時間

（　　　　　　　　　　　）

⑤ 午前10時5分から午前11時45分までの時間

（　　　　　　　　　　　）

⑥ 午前11時20分から午後1時15分までの時間

（　　　　　　　　　　　）

---

思考・判断・表現　　　　　　　　　　　　　　／24点

できたらスゴイ！

**5** 学んだことを使おう れおさんの家から図書館まで、自転車で20分かかります。

1つ6点（24点）

① れおさんが図書館に着いて時計を見ると、右の時こくでした。
家を何時何分に出たでしょうか。

（　　　　　　　　　　　）

午後

② 図書館で、右の時こくから1時間20分本を読むと、読み終わるときの時こくは何時何分でしょうか。

（　　　　　　　　　　　）

③ ②の時こくから午後4時までの時間は何分でしょうか。

（　　　　　　　　　　　）

④ れおさんが午後4時10分に家へ着くようにするには、図書館を何時何分に出ればよいでしょうか。

（　　　　　　　　　　　）

ふりかえり 🐱 ①がわからないときは、10ページの**2**にもどってかくにんしてみよう。

3分でまとめ

③ たし算とひき算

# たし算

✎ 次の ◯ にあてはまる数を書きましょう。

**めあて** 3けたの数のたし算ができるようにしよう。　　　練習 ❶ ❷ →

🐾 235＋386 の筆算のしかた

①
```
  1
  235
+ 386
─────
    1
```
5＋6＝11

②
```
 1 1
  235
+ 386
─────
   21
```
1＋3＋8＝12

③
```
  1
  235
+ 386
─────
  621
```
1＋2＋3＝6

2けたのときと同じように、一の位から位ごとに数を分けて計算すればいいね。

**1** 計算をしましょう。

(1) 581＋19　　　　　(2) 453＋569

**とき方** 位をたてにそろえて、筆算でします。

(1)
```
  1
  581
+  19
────
    0
```
1＋9＝10
→
```
  1
  581
+  19
────
  ☐00
```
└1＋5

581＋19＝☐

(2)
```
  1
  453
+ 569
────
    2
```
3＋9＝12
→
```
  1
  453
+ 569
────
  022
```
└1＋4＋5
→
```
  1
  453
+ 569
────
 ☐022
```

453＋569＝☐

**めあて** 4けたの数のたし算ができるようにしよう。　　　練習 ❸ ❹ →

🐾 5148＋2735 の筆算のしかた

①
```
  1
 5148
+2735
─────
    3
```
8＋5＝13

②
```
 5148
+2735
─────
   83
```
1＋4＋3＝8

③
```
 5148
+2735
─────
  883
```
1＋7＝8

④
```
 5148
+2735
─────
 7883
```
5＋2＝7

**2** 3594＋5441 の計算をしましょう。

**とき方**
```
   1
 3594
+5441
─────
   35
```
9＋4＝13
→
```
  1 1
 3594
+5441
─────
 ☐035
```
└1＋3＋5

4けた＋4けたでも、計算のしかたはこれまでと同じだよ。

3594＋5441＝☐

14

★ できた問題には、「た」を書こう！★
でき ① でき ② でき ③ でき ④

学習日　　　月　　　日

教科書 上 38〜44 ページ　答え 7 ページ

**1** 筆算でしましょう。
教科書 41 ページ **2**

① 125＋523

② 359＋328

③ 472＋481

④ 126＋67

**2** 計算をしましょう。
教科書 41 ページ **2**、44 ページ **3**

①　376
＋325

②　882
＋ 19

③　492
＋　8

くり上げた1を
たしわすれない
ようにしようね。

④　557
＋821

⑤　186
＋979

⑥　975
＋ 45

**3** 筆算でしましょう。
教科書 44 ページ **4**

① 5429＋1336

② 1625＋2995

**4** 計算をしましょう。
教科書 44 ページ **4**

①　2457
＋2427

②　7238
＋1681

③　4513
＋2692

④　6439
＋2649

⑤　3867
＋5287

⑥　1254
＋1746

**ヒント** ❸ 4けたのたし算も、位をたてにそろえて、一の位からじゅんに計算
していきます。くり上がった数をたしわすれないようにしましょう。

③ たし算とひき算
# ひき算

📖教科書　上 45〜49 ページ　⇒答え　8 ページ

✏次の ☐ にあてはまる数を書きましょう。

◎めあて　3けたの数のひき算ができるようにしよう。

練習 ❶ ❷ →

🐾 345−167 の筆算のしかた

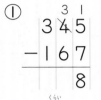
①
　　３１
　３４５
−１６７
　　　８

十の位から１
くり下げる。
15−7＝8

②
　２１３
　３４５
−１６７
　　７８

百の位から１
くり下げる。
13−6＝7

③
　２
　３４５
−１６７
　１７８

百の位は１くり
下げたから、2
2−1＝1

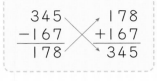
```
 345      178
−167  ✕ ＋167
 178      345
```

計算のたしかめを
しよう。

**1** 計算をしましょう。

(1) 215−78　　　　(2) 406−137

とき方　位をたてにそろえて、筆算でします。

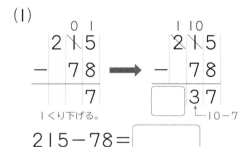
(1)
```
  ０１
 ２１５
−　７８
　　　７
```
１くり下げる。
➡
```
  １１０
 ２１５
−　７８
☐　３７
```
└10−7

215−78＝☐

(2)
```
  ３１０
 ４０６
−１３７
```
１くり下げる。
➡
```
    ９
  ３１０１
 ４０６
−１３７
　　　９
```
➡
```
  ３９
 ４０６
−１３７
　　６９
```
└9−3
➡
```
  ３９
 ４０６
−１３７
☐　６９
```

406−137＝☐

◎めあて　4けたの数のひき算ができるようにしよう。

練習 ❸ ❹ →

🐾 5001−2542 の筆算のしかた

十の位、百の位からくり下げられないときは、
千の位からじゅんにくり下げます。

①
```
   ９９
 ４ １０１０１
 ５００１
−２５４２
　 ４５９
```
➡
②
```
   ９９
 ４ １０１０１
 ５００１
−２５４２
 ２４５９
```

**2** 7735−2898 の計算をしましょう。

とき方
```
  ６２１
 ７７３５
−２８９８
　　３７
```
百の位からくり下げる。
➡
```
  ６６
 ７７３５
−２８９８
☐　８３７
```
└16−8

4けたのひき算も、2けたや3けたの
ときと同じしくみで考えられるね。

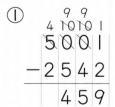

7735−2898＝☐

教科書　上 45〜49 ページ　　答え　8 ページ

**1** 筆算でしましょう。　　　　　　　　　　　　教科書 47 ページ **6**

① 273−146　　　　　　　　② 329−168

③ 614−275　　　　　　　　④ 331−267

**2** 計算をしましょう。　　　　　　　　　　　　教科書 47 ページ **7**、48 ページ **8**

①　　701
　　−353

②　　506
　　−318

③　　402
　　−　79

くり下げたことを
わすれないように
しよう。

④　　900
　　−204

⑤　　801
　　−　　6

⑥　　1000
　　−　952

**3** 筆算でしましょう。　　　　　　　　　　　　教科書 49 ページ **9**

① 1564−732　　　② 3124−152　　　③ 7528−929

**4** 計算をしましょう。　　　　　　　　　　　　教科書 49 ページ **10**

①　　3324
　　−2131

②　　9653
　　−2925

③　　7831
　　−2948

④　　4002
　　−1217

⑤　　6001
　　−　554

⑥　　9007
　　−　679

 **2** 十の位から1をくり下げられないときには、百の位から十の位に1
をくり下げてから一の位にくり下げます。

③ たし算とひき算

## たし算とひき算の暗算
## 計算のくふう

 次の □ にあてはまる数を書きましょう。

**◎めあて** たし算とひき算の暗算ができるようにしよう。　　練習 ①②→

🐾 **47＋35 の暗算のしかた**

47＋35
　30　5
❶ 47＋30＝77
❷ 77＋5＝82

🐾 **52－35 の暗算のしかた**

52－35
　30　5
❶ 52－30＝22
❷ 22－5＝17

**1** 暗算でしましょう。

(1) 13＋28

(2) 64－37

**とき方** たす数やひく数を分けて計算します。

(1) 13＋28
　20　8
❶ 13＋ □ ＝33
❷ 33＋8＝ □

(2) 64－37
　30　7
❶ 64－ □ ＝34
❷ 34－7＝ □

**◎めあて** 計算のくふうができるようにしよう。　　練習 ③④→

🐾 **220＋198 の計算のしかた**

220＋198＝418
　　　↓2をたす　↑2をひく
220＋200＝420

🐾 **400－296 の計算のしかた**

400－296＝104
　　　↓4をたす　↓4をたす
404－300＝104

**2** くふうして計算しましょう。

(1) 598＋360

(2) 700－197

**とき方** たされる数やひく数をふやした分だけ、答えをへらしたり、たしたりします。

(1)　598　＋360＝ ② □
　　↓2をたす　↑2をひく
　① □ ＋360＝ 960

(2)　700－　197 ＝ ② □
　　　　　↓3をたす　↑3をたす
　　700－ ① □ ＝ 500

 たされる数を2ふやしたから、答えを2へらすね。

 きりのよい数にして考えると、計算しやすくなるね。

教科書　上 50～52 ページ　　答え　9 ページ

**1** 暗算でしましょう。

教科書 50 ページ **11**

① 64＋32　　② 57＋26　　③ 19＋43

④ 38＋35　　⑤ 44＋17　　⑥ 16＋79

⑦ 58＋34　　⑧ 24＋36　　⑨ 18＋63

計算とちゅうの数の分けかた
などにきまりはないよ。
考えやすいしかたで暗算しよう。

**2** 暗算でしましょう。

教科書 50 ページ **12**

① 78－32　　② 65－17　　③ 94－28

④ 51－34　　⑤ 82－53　　⑥ 46－19

⑦ 95－56　　⑧ 70－25　　⑨ 90－44

**3** くふうして計算しましょう。

教科書 51 ページ **13**

① 198＋150　　② 800－396　　③ 900－698

！ まちがい注意

**4** くふうして計算しましょう。

教科書 52 ページ **14**

① 125＋62＋38　　② 648＋121＋79　　③ 455＋335＋545

ヒント **3** ① 198＋2＝200、② 396＋4＝400 と考えます。

📖 教科書 上 38〜55 ページ ▶答え 9 ページ

知識・技能 ／78点

**1** ◻ にあてはまる数を書きましょう。 ◻1つ2点（30点）

① 226＋345 の筆算のしかた

❶ 一の位から計算をする。 6＋5＝ ◻

十の位に ◻ くり上げる。

❷ 十の位の計算をして、 ◻ ＋2＋4＝ ◻

❸ 百の位の計算をして、 ◻ ＋3＝ ◻

❹ 226＋345＝ ◻

```
  2 2 6
+ 3 4 5
```

② 591－137 の筆算のしかた

❶ 一の位から計算をする。

十の位から ◻ くり下げて、 ◻ －7＝ ◻

❷ 十の位の計算をして、 ◻ －3＝ ◻

❸ 百の位の計算をして、 ◻ －1＝ ◻

❹ 591－137＝ ◻

```
  5 9 1
- 1 3 7
```

**2** よく出る 計算をしましょう。 1つ2点（18点）

①
```
  3 6 7
+ 1 2 7
```

②
```
  4 5 6
+   4 4
```

③
```
  8 3 5
+ 7 9 3
```

④
```
  4 2 5 6
+ 4 6 5 3
```

⑤
```
  1 8 7 3
+ 6 1 2 7
```

⑥
```
  6 4 5
- 5 3 8
```

⑦
```
  7 2 4
- 1 6 9
```

⑧
```
  8 3 3
-   5 4
```

⑨
```
  7 0 0 2
- 4 2 1 7
```

**③ 暗算でしましょう。** 1つ3点(18点)

① 15＋27　　　② 43＋49　　　③ 32＋38

④ 51－18　　　⑤ 62－25　　　⑥ 80－11

**④ くふうして計算しましょう。** 1つ3点(12点)

① 296＋180　　　　　② 700－398

③ 146＋53＋47　　　　④ 728＋333＋272

思考・判断・表現　　　　　　　　　　　　　　　　／22点

**⑤ よく出る** 学校で、リサイクルのためにあきかんを集めました。3年生は297こ、4年生は356こでした。

あわせて何こでしょうか。 式・答え　1つ4点(8点)

式

答え（　　　　　　　）

**⑥** たいがさんは、1000円を持って買い物に行きました。

135円のノートと588円の本を買うと、のこりは何円になるでしょうか。 式・答え　1つ4点(8点)

式

答え（　　　　　　　）

**できたらスゴイ！**

**⑦ 学んだことを使おう**

えなさんの8月のおこづかい帳について調べます。

8月25日に「使ったお金」を記録するのをわすれてしまいました。

のこったお金をもとにして、あ、い、うにあてはまる数を右のおこづかい帳に書き入れましょう。 1つ2点(6点)

### えなさんの8月のおこづかい帳

| 月／日 | ことがら | 入ったお金 | 使ったお金 | のこったお金 |
|---|---|---|---|---|
| | 今持っているお金 | 1530 円 | 円 | 1530 円 |
| 8／1 | おこづかい | 600 円 | 円 | 2130 円 |
| 8／3 | アイスクリーム | 円 | 105 円 | 2025 円 |
| 8／4 | おてつだい(草むしり) | 50 円 | 円 | 2075 円 |
| 8／7 | チョコレート | 円 | 98 円 | 1977 円 |
| 8／15 | ノート | 円 | 140 円 | 1837 円 |
| 8／23 | おてつだい(ごみすて) | 30 円 | 円 | 1867 円 |
| 8／25 | 妹へのプレゼント | 円 | あ 円 | 1169 円 |
| | 8月の合計 | い 円 | う 円 | 1169 円 |

ふろくの「計算せんもんドリル」7〜18もやってみよう！

**ふりかえり** ③①がわからないときは、14ページの③にもどってかくにんしてみよう。

④ わり算

# 分けられる数はいくつ
# 1人分はいくつ

教科書　上 56〜62 ページ　　答え　11 ページ

✎ 次の ◯ にあてはまる数を書きましょう。

めあて　同じ数ずつ分ける意味がわかり、式をつくれるようにしよう。　　練習 ①②➡

🐾 分けられる数をもとめる式

15 こ を 5 こ ずつ分けると、3つ に

分けられます。

このことを、式で次のように書きます。

15 ÷ 5 = 3
全部の数　1つ分の数　いくつ分

15÷5 のような計算を**わり算**といいます。

15÷5=3 の式で、15 を**わられる数**、5 を**わる数**といいます。

15÷5=3
わられる数　わる数

15 わる 5 は 3

**1**　あめが 18 こあります。

1 ふくろに 6 こずつ入れると、何ふくろに分けられるでしょうか。

わり算の式に表しましょう。

とき方　18 を 6 ずつ分けると、3 になります。

式 ◯ ÷6= ◯
あめの数　　ふくろの数

めあて　何人かで分ける意味がわかり、式をつくれるようにしよう。　　練習 ①③➡

🐾 1人分の数をもとめる式

15 こ を 5 人 で同じ数ずつ分けると、

1人分は 3 こ になります。

このことを、わり算の式で次のように書きます。

15 ÷ 5 = 3
全部の数　いくつ分　1つ分の数

□ こずつ5人分で 15 だから、
1 ×5=5
2 ×5=10
3 ×5=15
15÷5 の答えは、□×5=15 の
□ にあてはまる数です。

**2**　シールが 32 まいあります。

8人で同じ数ずつ分けると、1人分は何まいになるでしょうか。

とき方　□ まいずつ8人分で 32 まいだから、

答えは、□×8=32 の□にあてはまる数です。

□×8=8×□ だから、
8のだんの九九が使えるね。

式 ◯ ÷8= ◯　　答え ◯ まい

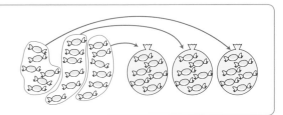

★ できた問題には、「た」を書こう！★

でき ① でき ② でき ③

教科書 上 56〜62 ページ 答え 11 ページ

## 1 次のことを、わり算の式に表しましょう。
教科書 57 ページ **1**、60 ページ **3**

① りんごが 16 こあります。1 さらに 2 こずつのせると、8 さらに分けられます。

全部の数、1つ分の数、いくつ分を
使ってわり算の式にあてはめてみよう。

( )

② ノートが 24 さつあります。4 人で同じ数ずつ分けると、1 人分は 6 さつになります。

( )

## 2 キャラメルが 30 こあります。
1 ふくろに 5 こずつ入れると、何ふくろに分けられるでしょうか。

教科書 59 ページ **2**

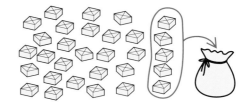

式

答え ( )

## 3 えん筆が 27 本あります。
3 人で同じ数ずつ分けると、1 人分は何本になるでしょうか。

教科書 62ページ **4**

式

答え ( )

 ② 5×□ ＝30 の□にあてはまる数が答えなので、5のだんの九九で
答えが見つけられます。

23

✏️ 次の□にあてはまる数を書きましょう。

🎯 **めあて** 2つの分け方のちがいがわかるようにしよう。　　練習 ①❸→

### 🐾 2つの分け方

「いくつ分」をもとめる場合も、「1つ分の数」をもとめる場合も、どちらもわり算の式になります。

**「いくつ分」をもとめる場合**

[1つ分の数] [いくつ分] [全部の数]

$4 \times \square = 24$

↓

$24 \div 4 = \square$

**「1つ分の数」をもとめる場合**

[1つ分の数] [いくつ分] [全部の数]

$\square \times 4 = 24$

↓

$24 \div 4 = \square$

> かけ算の式では、□の場所はちがうけど、どちらも同じわり算だね。

---

**1** $6 \div 3$ の式になる問題をつくって、答えをもとめましょう。

**とき方**

(1) ① [＿＿＿] このみかんを1人に
② [＿＿＿] こずつ分けると、
何人に分けられるでしょうか。

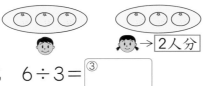
→2人分

式　$6 \div 3 =$ ③ [＿＿＿]

答え ④ [＿＿＿] 人

(2) ① [＿＿＿] このみかんを
② [＿＿＿] 人で同じ数ずつ分けると、
1人分は何こになるでしょうか。

→2こずつ

式　$6 \div 3 =$ ③ [＿＿＿]

答え ④ [＿＿＿] こ

---

🎯 **めあて** 0や1のわり算ができるようにしよう。　　練習 ❷→

### 🐾 0や1のわり算

0をどんな数でわっても答えは0になります。　　　$0 \div 2 = 0$

わられる数とわる数が同じとき、答えはいつも1になります。　　$2 \div 2 = 1$

どんな数を1でわっても、答えはわられる数になります。　　$2 \div 1 = 2$

**2** 計算をしましょう。

(1) $0 \div 4 =$ [＿＿＿]　　(2) $8 \div 8 =$ [＿＿＿]　　(3) $3 \div 1 =$ [＿＿＿]

教科書　上63〜65ページ　答え　11ページ

## 📖 よくよんで

**1** おり紙が 27 まいあります。

教科書　63ページ 5、64ページ 6

① 3まいずつたばにすると、何たばできるでしょうか。

式

答え（　　　　　）

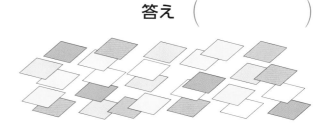

② 3人で同じ数ずつ分けると、I人分は何まいになるでしょうか。

式

答え（　　　　　）

## **2** 計算をしましょう。

教科書　64ページ ⑥、65ページ 7・8

① 12÷3

② 16÷4

③ 21÷7

それぞれわる数の
だんの九九を使って
考えよう。

④ 36÷6

⑤ 63÷9

⑥ 72÷8

⑦ 0÷5

⑧ 7÷7

⑨ 4÷1

## ！ まちがい注意

**3** 風船が 30 こあります。30÷5 の式になる問題を 2 つつくりましょう。

教科書　63ページ 5

④ わり算
# 答えが2けたになるわり算

📖 教科書 上66〜67ページ ▶ 答え 12ページ

✏️ 次の ☐ にあてはまる数を書きましょう。

◎めあて （何十）÷（いくつ）で、答えが2けたになるわり算ができるようにしよう。 練習 ❶ ❸ →

🐾 **40÷2の計算のしかた**

40 を 10 が4ことみて、10 が（4÷2）こ。

4 ÷2＝2

40÷2＝20

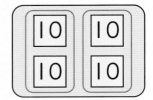

10 が2こで
20 だね。

---

**1** 60 まいの画用紙を6人で同じ数ずつ分けます。
1人分は何まいになるでしょうか。

とき方 式は、60 を6で分けるので、①☐ ÷6 となります。

60 を 10 が②☐ ことみて、10 が（③☐ ÷6）こ。

だから、④☐ ÷6＝⑤☐　　　　答え ⑥☐ まい

---

◎めあて 答えが2けたになるわり算ができるようにしよう。 練習 ❷ ❹ →

🐾 **42÷2の計算のしかた**

42 を位ごとに分けて考えます。

40÷2＝20

2÷2＝ 1

あわせて 21

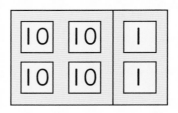

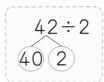

42÷2
40　2

---

**2** 計算をしましょう。

(1) 39÷3　　　　　　(2) 77÷7

とき方 位ごとに考えます。

(1) 30÷3＝①☐

9÷3＝②☐

あわせて ③☐

だから、39÷3＝④☐

(2) 70÷7＝①☐

7÷7＝②☐

あわせて ③☐

だから、77÷7＝④☐

位ごとに
分けて
考えよう。

ぴったり 2
練習

★ できた問題には、「た」を書こう！★
でき 1　でき 2　でき 3　でき 4

学習日　　月　　日

教科書　上 66～67 ページ　答え　12 ページ

**1** 計算をしましょう。

教科書 66 ページ **9**

①　60÷2　　　　②　90÷3　　　　③　80÷2

60 を 10 が
6 ことみよう。

④　30÷3　　　　⑤　70÷7　　　　⑥　90÷9

**2** 計算をしましょう。

教科書 67 ページ **10**

①　26÷2　　　　②　63÷3　　　　③　84÷2

④　11÷1　　　　⑤　55÷5　　　　⑥　33÷3

**3**　40 まいのおり紙を 2 人で同じ数ずつ分けます。
1 人分は何まいになるでしょうか。

教科書 66 ページ **9**

式

答え（　　　　　　　　）

**4**　96 まいのカードを 3 人で同じ数ずつ分けます。
1 人分は何まいになるでしょうか。

教科書 67 ページ **10**

式

答え（　　　　　　　　）

ヒント　**1 3** わられる数が何十のわり算は、10 が何こと考えます。
**4** 96 を 90 と 6 に分けて、位ごとに計算します。

## ❹ わり算

教科書　上 56〜69 ページ　　答え　13 ページ

知識・技能　　　　　　　　　　　　　　　　　　　　　　　　　　　／50点

**1** ビー玉が 18 こあります。

□にあてはまる式や数を書きましょう。　　　　　全部できて　1問7点(14点)

① 1ふくろに2こずつ入れると、何ふくろに分けられるでしょうか。

式は □ になって、答えは 2×□＝18 の□にあてはまる数なので、

□ ふくろです。

② 2人で同じ数ずつ分けると、1人分は何こになるでしょうか。

式は □ になって、答えは □×2＝18 の□にあてはまる数なので、

□ こです。

**2** よく出る 計算をしましょう。　　　　　　　　　　　　1つ3点(24点)

①　12÷6　　　　　②　45÷9　　　　　③　35÷7

④　54÷9　　　　　⑤　40÷8　　　　　⑥　0÷2

⑦　6÷6　　　　　⑧　5÷1

**3** 計算をしましょう。　　　　　　　　　　　　　　　　1つ3点(12点)

①　20÷2　　　　　　　　　②　80÷4

③　64÷2　　　　　　　　　④　99÷9

思考・判断・表現　　　　　　　　　　　　　　　　　　　　　／50点

**4** よく出る 48このおかしを1人に8こずつ配ります。
何人に分けられるでしょうか。　　　　　　式・答え　1つ6点(12点)

式

答え（　　　　　　　）

**5** よく出る 子どもが63人います。同じ人数ずつ7つのはんに分けます。
1つのはんは、何人になるでしょうか。　　　式・答え　1つ6点(12点)

式

答え（　　　　　　　）

**よくよんで**

**6** 9÷3の式で答えがもとめられる問題はどれでしょうか。すべてえらびましょう。

あ　1ふくろにボールが9こ入っています。3ふくろでは、ボールは全部で何こある
でしょうか。

い　ももが9こあります。3こ食べると、のこりは何こになるでしょうか。

う　9cmのリボンがあります。3cmずつ切ると、3cmのリボンは何本できるでしょ
うか。

え　9このガムを3人で同じ数ずつ分けます。1人分は何こになるでしょうか。
　　　　　　　　　　　　　　　　　　　　　　　　　　　　　　1つ6点(12点)

答え（　　　　　　　）

**できたらスゴイ！**

**7** 145ページの本を89ページまで読みました。
のこりを1週間で読むには、1日に何ページずつ読めばよいでしょうか。
　　　　　　　　　　　　　　　　　　　　　　式・答え　1つ7点(14点)

式

答え（　　　　　　　）

**ふりかえり** ❶①がわからないときは、22ページの❶にもどってかくにんしてみよう。

# まきじゃく／道のりときょり

教科書 上71～75ページ　答え 13ページ

次の□にあてはまる単位や数、記号を書きましょう。

**めあて　まきじゃくを使って、長さをはかれるようになろう。**　練習 1 2 →

長いところや丸いところの長さをはかるときは、まきじゃくを使うとべんりです。

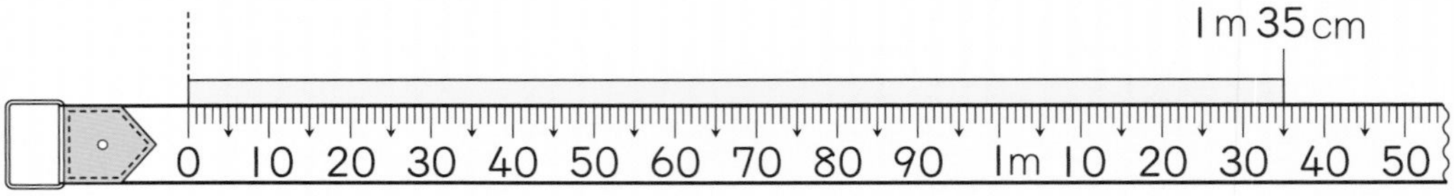

1m35cm
0 10 20 30 40 50 60 70 80 90 1m 10 20 30 40 50

**1**　右のまきじゃくのあのめもりをよみましょう。

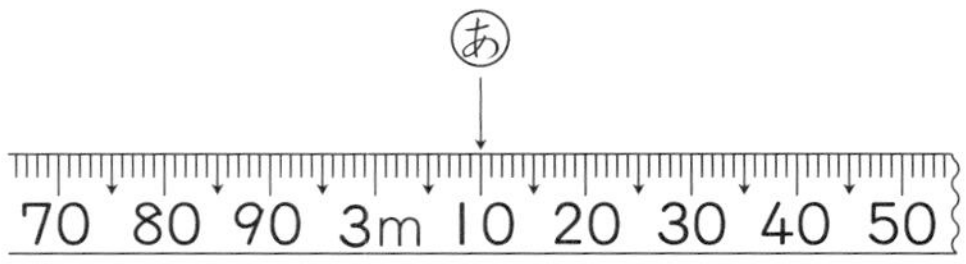

あ
70 80 90 3m 10 20 30 40 50

とき方　まきじゃくの１めもりは１[①]です。
あは3mより[②]cm右のところなので、[③]m[④]cmです。

**めあて　長さの単位「km」をおぼえよう。**　練習 3 →

**長さの単位　キロメートル**

1000mを**1キロメートル**といい、**1km**と書きます。

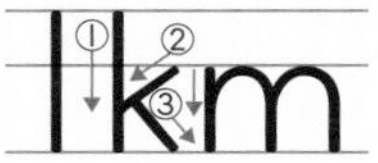

① ② ③
1km

**1km＝1000m**

1kmは、100mの10こ分だよ。

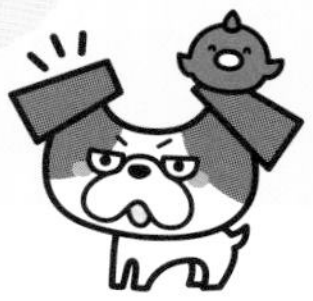

**2**　1500mは何km何mでしょうか。

とき方　1000m＝1kmです。1500mは[　]km[　]mです。
（1500m ← 1000m＋500m）

**めあて　道のりときょりのちがいがわかるようにしよう。**　練習 3 →

**道のりときょり**

道にそってはかった長さを**道のり**といいます。
まっすぐにはかった長さを**きょり**といいます。

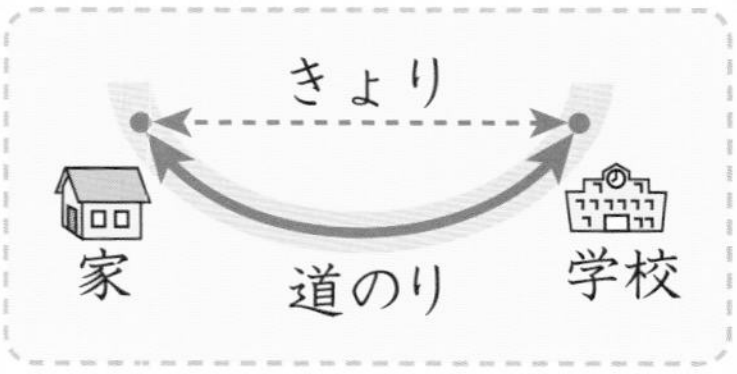

きょり
家
道のり
学校

**3**　右の図で、家から公園までのきょりを表すのは、あ、いのどちらでしょうか。

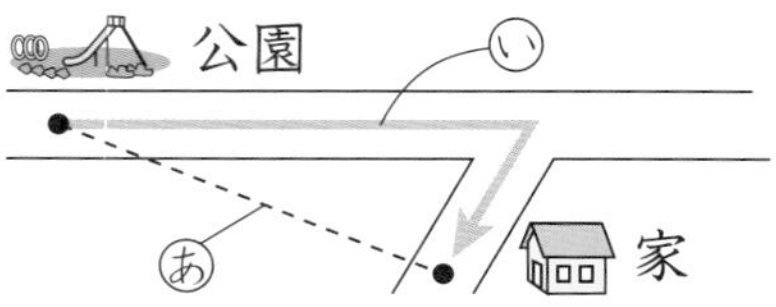

公園
い
あ
家

とき方　あはまっすぐにはかった長さ、いは道にそってはかった長さです。きょりを表しているのは[　]です。

ぴったり 2
# 練習

★ できた問題には、「た」を書こう！★
でき ① でき ② でき ③

学習日 　月　　日

教科書 上71〜75ページ ▷ 答え 14ページ

**1** 下のまきじゃくの①から④のめもりをよみましょう。

教科書 72ページ 1

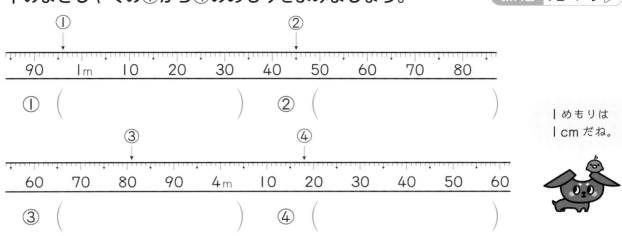

① (　　　　　　　)　　② (　　　　　　　)

③ (　　　　　　　)　　④ (　　　　　　　)

1めもりは
1cmだね。

**2** 次の長さをはかるには、まきじゃくとものさしのどちらがべんりでしょうか。

教科書 72ページ ①

① 黒板の横の長さ
(　　　　　　　)

② 教科書の横の長さ
(　　　　　　　)

③ 本のあつさ
(　　　　　　　)

④ 電柱のまわりの長さ
(　　　　　　　)

🔍 よくみて

**3** 右の図は、なおとさんの家から図書館までの道のりときょりを表したものです。 教科書 74ページ 2

① きょりは何mでしょうか。

(　　　　　　　)

② 道のりは何mでしょうか。
また、何km何mでしょうか。

(　　　　　　　) (　　　　　　　)

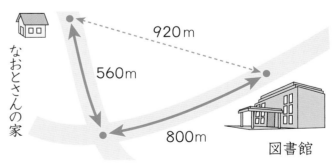

920m
560m
800m
なおとさんの家
図書館

ヒント　**3** ② 「道のり」とは、道にそってはかった長さのことなので、
560mと800mをあわせた長さになります。

ぴったり③
**たしかめのテスト**

**5 長さ**

時間 **30**分

／100

ごうかく **80**点

教科書 上 71〜78 ページ　答え 14 ページ

知識・技能

／60点

**1** よく出る 下のまきじゃくの**あ**から**か**のめもりをよみましょう。 1つ5点(30点)

①

あ　　　　　　　　　　　い

0　10　20　30　40　50　60　70　80　90　1m　10　20　30　40

あ（　　　　　　　　）　い（　　　　　　　　）

②

う　　　　　　　　　　　　　　　　　　　　え

80　90　2m　10　20　30　40　50　60　70　80　90　3m　10　20　30

う（　　　　　　　　）　え（　　　　　　　　）

③

お　　　　　　　　　　　か

70　　80　　90　　6m　　10　　20　　30　　40

お（　　　　　　　　）　か（　　　　　　　　）

**2** ▢にあてはまる単位を書きましょう。 1つ3点(9点)

① となり町までの道のり　6▢

② ゆみこさんの身長　132▢

③ 入口のドアのたての長さ 2▢

**3** よく出る ▢にあてはまる数を書きましょう。 全部できて 1問5点(15点)

① 2km=▢m

② 1km 800m=▢m

③ 3400m=▢km▢m

**4** 次の長さをはかるには、右の⑦から⑨のどれがべんりでしょうか。 1つ3点(6点)

① えん筆の長さ

（　　　　）

② 教室の横の長さ

（　　　　）

⑦ 30cm のものさし

④ 1m のものさし

⑨ まきじゃく

思考・判断・表現　　　　　　　　　　　　　　　　　　　／40点

**5** よく出る 右の図で、かなさんの家から
図書館までの道のりは何km何mでしょうか。
また、きょりは何km何mでしょうか。

1つ5点(10点)

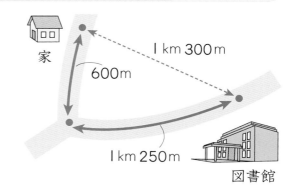

道のり　（　　　　　　　　　　）

きょり　（　　　　　　　　　　）

できたらスゴイ!

**6** 学んだことを使おう ゆうとさんの家か
ら公園までは、右の図のような道じゅんで歩
いていけます。

1つ5点(30点)

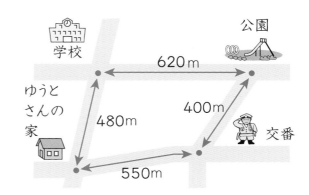

① 交番の前を通っていくと、何m歩くこ
とになるでしょうか。

（　　　　　　　　　　）

② 学校の前を通っていくと、何km何m歩くことになるでしょうか。

（　　　　　　　　　　）

③ 公園までの①、②の道のりは、何mちがうでしょうか。

（　　　　　　　　　　）

④ 行きは交番の前を通り、帰りは学校の前を通るとすると、何km何m歩くこと
になるでしょうか。

（　　　　　　　　　　）

⑤ ゆうとさんは100m歩くのに2分かかります。同じペースで公園から交番まで
を歩くと何分かかりますか。

（　　　　　　　　　　）

⑥ 同じペースで2km歩くと、何分かかりますか。

（　　　　　　　　　　）

ふりかえり **1** がわからないときは、30ページの **1** にもどってかくにんしてみよう。

# ぴったり1 じゅんび

**3分でまとめ**

## 整理のしかた
## ぼうグラフ　ぼうグラフのかき方

教科書　上79～89ページ　　答え　15ページ

✎ 次の ▢ にあてはまる数や言葉を書きましょう。

🎯 **めあて** 表に整理できるようにしよう。　　　　　　　　　　練習 ❶ →

### 🐾 整理のしかた

調べたことを、しゅるいごとに数えて「正」の字を使って表に整理します。
数が少ないものは、「その他」にまとめます。

**1** 読んだ本のしゅるいを調べたら右のようになりました。表に整理しましょう。

**とき方** スポーツの「下」は ▢① さつを表しています。
下のように整理します。

| 図かん | 正 |
| スポーツ | 下 |
| でん記 | 正下 |
| その他 | 正 |

読んだ本調べ

| しゅるい | 図かん | スポーツ | でん記 | その他 | 合計 |
|---|---|---|---|---|---|
| 数（さつ） | 5 | ▢② | ▢③ | 4 | ▢④ |

🎯 **めあて** ぼうグラフをよんだりかいたりできるようにしよう。　　練習 ❷ ❸ →

### 🐾 ぼうグラフ

下の **2** のような、ぼうの長さで数の大きさを表したグラフを**ぼうグラフ**といいます。ぼうグラフに表すと、数がくらべやすくなります。

**2** 右のぼうグラフで、トラックは何台でしょうか。また、いちばん多い乗り物は、乗用車、バス、トラックのなかで何でしょうか。

**とき方** トラックのぼうの長さのめもりをよむと、▢ 台です。
また、いちばん多い乗り物は、いちばんぼうが長いところになるので、▢ です。

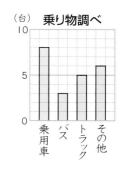

（台）乗り物調べ

**3** **1**の表をぼうグラフに表しましょう。

**とき方** 1めもりは、▢ さつを表しているので、でん記のぼうの長さは、めもりの ▢ のところになります。

→ぼうグラフをかきましょう。

（さつ）読んだ本調べ

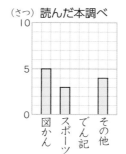

**かき方**
❶横のじくにしゅるい、たてのじくにめもりの数を書く。
❷数に合わせてぼうをかく。
❸表題を書く。

ぴったり2
練習

★ できた問題には、「た」を書こう！★

でき①　でき②　でき③

教科書　上 79～89 ページ　　答え　15 ページ

**1**　ひゅうがさんの組で、家族が何人いるか調べました。

① 下の表に整理しましょう。

教科書 82 ページ **2**

3人　正
4人　正正下
5人　正丁
6人　正

**家族の数調べ**

| 家族の数 | 3人 | 4人 | 5人 | 6人 | 合計 |
|---|---|---|---|---|---|
| 人数（人） | ⓐ | ⓘ | ⓤ | ⓔ | ⓞ |

② 人数がいちばん多いのは、家族が何人いる人でしょうか。

(　　　　　)

🔍 よくみて

**2**　右のぼうグラフは、ひなのさんが5日間に読書をした時間を表したものです。

教科書 83 ページ **3**、85 ページ **4**

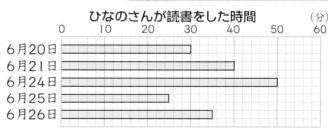

① 横のじくは何を表しているでしょうか。

(　　　　　)

② 6月21日は何分間読書をしたでしょうか。

(　　　　　)

横のじくの1めもりは、何分を表しているかな。

③ 読書をした時間がいちばん長いのは6月何日でしょうか。

(　　　　　)

**3**　下の表は、れいなさんの組で、すきなきゅう食のメニューを調べたものです。

これを、ぼうグラフに表しましょう。

教科書 86 ページ **5**、88 ページ **6**

**すきなきゅう食のメニュー調べ**

| しゅるい | カレー | ラーメン | からあげ | あげパン | その他 |
|---|---|---|---|---|---|
| 人数（人） | 12 | 8 | 7 | 3 | 4 |

「その他」は、数が多くても最後にかくよ。

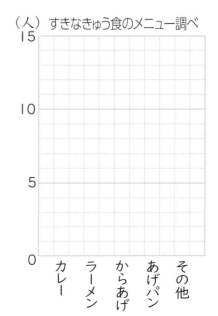

ヒント

**2** ② 1めもりがいつも1を表しているとはかぎりません。
この場合、1めもりは2分を表しているので気をつけましょう。

35

# くふうした表

教科書　上 90〜91 ページ　｜　答え　15 ページ

次の ◻ にあてはまる言葉や数を書きましょう。

めあて　表をまとめて見やすくすることができるようになろう。　練習 ❶ ❷ →

### 🐾 1つにまとめた表

いくつかの表を1つの表にまとめると、それぞれの様子と全体の様子の両方がひと目でわかります。

**1組の人数**

| 1組 | 人数（人） |
|---|---|
| 男 | 18 |
| 女 | 18 |
| 合計 | 36 |

**2組の人数**

| 2組 | 人数（人） |
|---|---|
| 男 | 19 |
| 女 | 17 |
| 合計 | 36 |

➡

**3年生の人数　（人）**

|  | 1組 | 2組 | 合計 |
|---|---|---|---|
| 男 | 18 | 19 | 37 |
| 女 | 18 | 17 | 35 |
| 合計 | 36 | 36 | 72 |

**1**　下の表は、ゆうきさんの学校の3年生で、組ごとにすきなペットのしゅるいを調べたものです。下のような1つの表にまとめましょう。

**すきなペット（1組）**

| しゅるい | 人数（人） |
|---|---|
| 犬 | 11 |
| ねこ | 12 |
| 小鳥 | 5 |
| かんしょう魚 | 4 |
| その他 | 3 |
| 合計 | 35 |

**すきなペット（2組）**

| しゅるい | 人数（人） |
|---|---|
| 犬 | 10 |
| ねこ | 16 |
| 小鳥 | 3 |
| かんしょう魚 | 2 |
| その他 | 4 |
| 合計 | 35 |

**すきなペット（3組）**

| しゅるい | 人数（人） |
|---|---|
| 犬 | 15 |
| ねこ | 8 |
| 小鳥 | 4 |
| かんしょう魚 | 3 |
| その他 | 4 |
| 合計 | 34 |

**とき方**　右の表のあには3年生の
◻ の人数の合計
◻ 人が入ります。

　いには、◻ の人数の合
計 ◻ 人が入ります。

　うには、◻ の人数の合
計 ◻ 人が入ります。

**3年生のすきなペット　（人）**

| しゅるい ＼ 組 | 1組 | 2組 | 3組 | 合計 |
|---|---|---|---|---|
| 犬 | 11 | 10 | 15 | あ |
| ねこ | 12 | 16 | 8 | 36 |
| 小鳥 | 5 | 3 | 4 | 12 |
| かんしょう魚 | 4 | 2 | 3 | 9 |
| その他 | 3 | 4 | 4 | 11 |
| 合計 | 35 | い | 34 | う |

組ごとの様子と学年全体の様子の
両方がひと目でわかるね。

教科書 上 90〜91 ページ　答え 16 ページ

**！まちがい注意**

**1** 右の3つの表は、えいとさんの学校の3年生が、組ごとに図書室でかりた本のしゅるいを調べたものです。

これを、1つの表にまとめましょう。　教科書 90 ページ **7**

**かりた本（1組）**

| しゅるい | 数（さつ） |
|---|---|
| 物語（ものがたり） | 13 |
| 読みもの | 9 |
| でん記 | 5 |
| 図かん | 3 |
| その他 | 4 |
| 合計 | 34 |

**かりた本（2組）**

| しゅるい | 数（さつ） |
|---|---|
| 物語 | 12 |
| 読みもの | 10 |
| でん記 | 2 |
| 図かん | 4 |
| その他 | 5 |
| 合計 | 33 |

**かりた本（3組）**

| しゅるい | 数（さつ） |
|---|---|
| 物語 | 14 |
| 読みもの | 6 |
| でん記 | 5 |
| 図かん | 3 |
| その他 | 6 |
| 合計 | 34 |

**3年生のかりた本　　（さつ）**

| しゅるい ＼ 組 | 1組 | 2組 | 3組 | 合計 |
|---|---|---|---|---|
| 物語 | | | | |
| 読みもの | | | | |
| でん記 | | | | |
| 図かん | | | | |
| その他 | | | | |
| 合計 | | | | |

組ごとにかりた本や3年生全体でかりた本のしゅるいがわかりやすいね。

**2** 右の表は、ゆりあさんの学校の3年生の人数を、組ごと、男女ごとに表した（あらわ）ものです。

教科書 91 ページ **⑥**

**3年生の人数　　（人）**

| | 1組 | 2組 | 3組 | 合計 |
|---|---|---|---|---|
| 男 | 18 | 19 | 17 | ㋐54 |
| 女 | 18 | ㋒ | 18 | 53 |
| 合計 | ㋑ | 36 | 35 | ㋓ |

① ㋐の数は、何を表しているでしょうか。

(　　　　　　　　　　　)

② ㋑から㋓に入る数を書きましょう。

㋑ (　　　　　　　　　)

㋒ (　　　　　　　　　)

㋓ (　　　　　　　　　)

表のたて（組ごと）と横（よこ）（男女ごと）の両方から見られるようにしておこう。

**●ヒント** **2** ② ㋓に入る数は、㋐＋53、または㋑＋36＋35 のどちらで計算しても同じ数になります。

ぴったり3 たしかめのテスト

# 6 表とぼうグラフ

時間 30 分

／100

ごうかく 80 点

教科書 上79～95ページ　答え 16ページ

## 知識・技能　／80点

**1** そらさんの組で、すきなスポーツのしゅるいを調(しら)べたら右のようになりました。
下の表(ひょう)のあからおに入る数を書きましょう。

1つ5点(25点)

すきなスポーツのしゅるい

| | |
|---|---|
| 野球(やきゅう) | 正下 |
| サッカー | 正F |
| ドッジボール | 正一 |
| バドミントン | F |
| その他(た) | T |

すきなスポーツのしゅるい

| しゅるい | 野球 | サッカー | ドッジボール | バドミントン | その他 |
|---|---|---|---|---|---|
| 人数(人) | あ | い | う | え | お |

あ(　　　)　い(　　　)　う(　　　)
え(　　　)　お(　　　)

**2** よく出る 下のぼうグラフは、けんぞうさんの組で、先週けがをした人の数を表(あらわ)したものです。

1つ5点(20点)

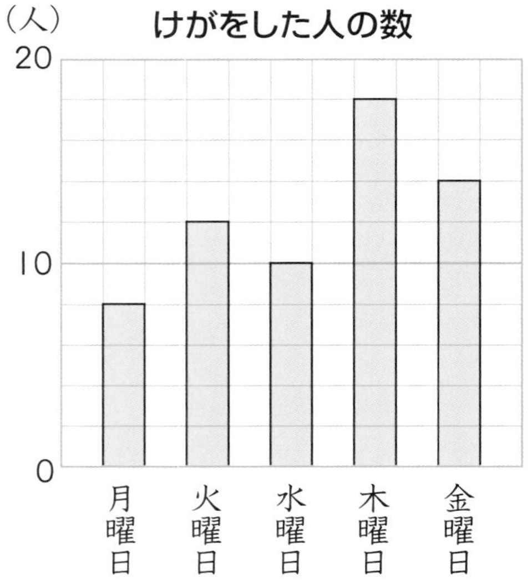


① たてのじくの１めもりは、何人を表しているでしょうか。

(　　　)

② 月曜日にけがをした人は何人いるでしょうか。

(　　　)

③ けがをした人がいちばん多いのは何曜日でしょうか。

(　　　)

④ 木曜日にけがをした人は火曜日にけがをした人より何人多いでしょうか。

(　　　)

**❸** 下の表は、4人のボール投げの記録を表したものです。

□1つ5点、グラフ5点(35点)

**ボール投げの記録**

| 名前 | まなみ | さとし | みさき | ゆうき |
|---|---|---|---|---|
| きょり(m) | 13 | 22 | 17 | 20 |

① 右の㋐から㋒に入る数を書きましょう。

② いちばん遠くまで投げた人からじゅんに、㋖から㋘に名前を書きましょう。

③ ぼうグラフに表しましょう。

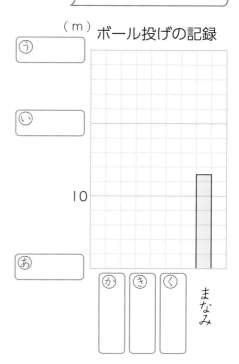

（m）ボール投げの記録

㋒

㋑

10

㋐

㋖　㋗　㋘　まなみ

---

**❹** （学んだことを使おう）下の表は、あいかさんの学校の3年生のすきなおやつ調べをしたけっかを表したものです。

①・③全部できて5点、②・④1つ5点(20点)

**すきなおやつ調べ**　　　　　　　　　　　　　　（人）

| 組＼しゅるい | クッキー | チョコレート | ポテトチップス | ガム | その他 |
|---|---|---|---|---|---|
| 1組 | 8 | 9 | ㋑ | 3 | 4 |
| 2組 | 7 | 5 | 8 | 4 | 6 |
| 合計 | ㋐ | 14 | 20 | 7 | 10 |

① 上の表の㋐、㋑に入る数を書きましょう。

㋐（　　　　　　）　㋑（　　　　　　）

② 3年生全体で、すきな人がいちばん多いおやつは何でしょうか。

（　　　　　　　　　　　　　　）

③ あいかさんは、右のようなぼうグラフをかいています。

つづきをかきましょう。

④ 右のグラフはどんなことをわかりやすくくふうしていますか。

（　　　　　　　　　　　　　　　　　　　　）

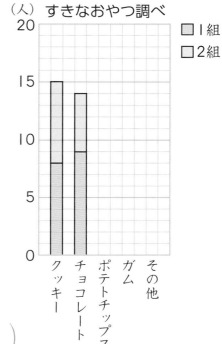

（人）すきなおやつ調べ

□1組
□2組

20

15

10

5

0

クッキー　チョコレート　ポテトチップス　ガム　その他

ふりかえり　❶がわからないときは、34ページの❶にもどってかくにんしてみよう。

次の◯◯にあてはまる数を書きましょう。

**めあて** あまりのあるわり算ができるようにしよう。　　練習 ① ② ④ ⑤ →

🐾 あまりのあるわり算

11こ を 2こ ずつ分けると、5つ に分けられて、

1こ あまります。

このことを、式で次のように書きます。

11 ÷ 2 ＝ 5 あまり 1

全部の数　　1つ分の数　　いくつ分　　あまり

あまりは、わる数より小さくなるようにします。

**わる数 ＞ あまり**

> あまりがないときは
> **わりきれる、**
> あまりがあるときは
> **わりきれない**というよ。

**1** クッキーが 17 こあります。

1人に3こずつ分けると、何人に分けられて、何こあまるでしょうか。

**とき方**

クッキーの数　　　　　3より小さい

式　◯① ÷3＝5 あまり ◯②

答え ◯③ 人に分けられて、◯④ こあまる。

> 3のだんの
> 九九で答えが
> もとめられるね。

**めあて** 答えのたしかめができるようにしよう。　　練習 ③ →

🐾 答えのたしかめ

11÷2 の計算の答えは、次の式でたしかめられます。

2 × 5 ＋ 1 ＝ 11

1つ分の数　　いくつ分　　あまり　　全部の数

> わられる数と同じになれば
> 答えはあっているよ。

**2** 計算をしましょう。また、答えのたしかめをしましょう。

(1) 12÷5　　　　　　　　　　(2) 42÷9

**とき方**

わられる数

(1) 12÷5＝◯① あまり ◯②　　　(2) 42÷9＝◯① あまり ◯②

　　5×◯③ ＋ ◯④ ＝12　　　　　9×◯③ ＋ ◯④ ＝42

　　　　　　同じになる　　　　　　　　　　　　同じになる

ぴったり2
練習

★ できた問題には、「た」を書こう！★
でき 1　でき 2　でき 3　でき 4　でき 5

学習日
月　　日

教科書　上 97〜103 ページ　答え　17 ページ

**1** 次の計算のまちがいを見つけて、正しい答えを書きましょう。　教科書　99 ページ **2**

①　15÷6＝2　　　　　（　　　　　　　　）

②　37÷6＝5 あまり 7　　　（　　　　　　　　）

あまりはわる数より
小さくなるね。

**2** 計算をしましょう。　教科書　101 ページ **3**

①　13÷2　　　　　②　48÷9　　　　　③　25÷4

**3** 計算をしましょう。また、答えのたしかめをしましょう。　教科書　102 ページ **4**

①　20÷7　　　　　　　　　　②　66÷8

たしかめ　　　　　　　　　　　　たしかめ

（　　　　　　　　）　　　　（　　　　　　　　）

**4** 長さが 60 cm のリボンがあります。
　このリボンを 8 cm ずつに切ると、8 cm のリボンは何本できて、何 cm あまるでしょうか。　教科書　101 ページ **3**

式

答え　（　　　　　　　　　　　　）

**5** シールが 38 まいあります。
　9 人で同じ数ずつ分けると、1 人分は何まいになって、何まいあまるでしょうか。　教科書　101 ページ **3**

式

答え　（　　　　　　　　　　　　）

ヒント　**1** ②　あまりの数の大きさに注目します。
　　　　**3**　答えは、わる数×答え＋あまり＝わられる数 でたしかめます。

# あまりはどうする

🖊 次の ▢ にあてはまる数を書きましょう。

🎯 めあて　あまりの意味を考える問題ができるようにしよう。　　練習 ❶ ❷ ❸ →

### 🐾 あまりはどうする

子どもが 17 人います。1台の自動車に 6 人ずつ乗っていきます。
全員が乗るには、自動車は何台いるでしょうか。

　　17÷6＝2 あまり 5

あまりの 5 人も車に乗るから、もう 1 台をたして、自動車は 3 台いります。

**1** たまごが 26 こあります。1パックに 4 こずつ入れていきます。
たまごを全部パックに入れるには、何パックいるでしょうか。

**とき方**

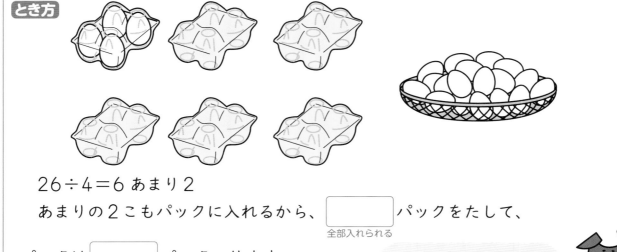

26÷4＝6 あまり 2

あまりの 2 こもパックに入れるから、▢ パックをたして、
　　　　　　　　　　　　　　　　　　　全部入れられる

パックは ▢ パックいります。
　　　　　6+1

あまりの 2 こを入れるのに
もう 1 パックいるね。

**2** 子どもが 24 人います。1この長いすに 5 人ずつすわっていきます。
全員がすわるには、長いすは何こいるでしょうか。

**とき方**　⬜⬜⬜⬜⬜　⬜⬜⬜⬜⬜　⬜⬜⬜⬜⬜　⬜⬜⬜⬜⬜　○○○○
　　　　　└5人ずつ4この長いすにすわる　　　　　　　　└あまりの4人

24÷5＝4 あまり 4

あまりの 4 人も長いすにすわるから、▢ こたして、
　　　　　　　　　　　　　　　　　　みんながすわれる

長いすは ▢ こいります。
　　　　　4+1

あまりの 4 人がすわるのに
もう 1 こ長いすがいるね。

ぴったり2
練習

★ できた問題には、「た」を書こう！★
でき 1　でき 2　でき 3

学習日　　月　　日

教科書　上 103〜104 ページ　答え　17 ページ

**1** えん筆が 52 本あります。1 箱に 6 本ずつ入れていきます。
えん筆を全部箱に入れるには、何箱いるでしょうか。

教科書　103ページ **5**

あまった分も入れる
箱がいるよ。

式

答え（　　　　　　）

**2** みかんが 34 こあります。1 このかごに 7 こずつ入れていきます。
みかんを全部かごに入れるには、かごは何こいるでしょうか。

教科書　103ページ **5**

式

答え（　　　　　　）

**よくよんで**

**3** さくらさんは、ロープウェイ乗り場の列の、
前から 50 人めにならんでいます。ロープウェイ
には、1 台に 9 人ずつ乗ります。
さくらさんは、何台めのロープウェイに乗るこ
とになるでしょうか。

教科書　104ページ **6**

式

答え（　　　　　　）

**ヒント**
**1** **2** 問題をよく読んで、あまりをどうすればいいか考えます。
**3** 50 人が乗るには、ロープウェイが何台いるかを考えます。

43

# ❼ あまりのあるわり算

時間 **30**分

／100

ごうかく **80**点

教科書　上 97～107 ページ　　答え　18 ページ

**知識・技能**　　　　　　　　　　　　　　　　　　　　　　　／60点

**❶** 次の計算のまちがいを見つけて、正しい答えを書きましょう。　1つ6点(12点)

① 50÷8＝5 あまり 10　　　② 38÷7＝6 あまり 4

（　　　　　　　　　）　　　（　　　　　　　　　）

**❷** よく出る 計算をしましょう。　　　　　　　　　　1つ6点(48点)

① 17÷2　　　　　　　　　② 65÷7

③ 32÷6　　　　　　　　　④ 22÷3

⑤ 43÷5　　　　　　　　　⑥ 56÷9

⑦ 30÷4　　　　　　　　　⑧ 76÷8

**思考・判断・表現**　　　　　　　　　　　　　　　　　　　　／40点

**❸** よく出る ケーキが 40 こあります。
　　1 箱に 6 こずつ入れると、何箱できて、何こあまるでしょうか。　式・答え　1つ5点(10点)

式

答え（　　　　　　　　　　　　　　）

**❹** 長さが 55 cm のテープがあります。
　　このテープを 9 cm ずつに切ると、9 cm のテープは何本できるでしょうか。

式・答え　1つ5点(10点)

式

答え（　　　　　　　　　　　　　　）

**5** よく出る ペットボトルが 38 本あります。

１ふくろに５本ずつ入れていきます。ペットボトルを全部ふくろに入れるには、ふくろは何まいいるでしょうか。

式·答え　1つ5点(10点)

式

答え（　　　　　　）

できたらスゴイ！

**6**　ゆかさんは、遊園地のかんらん車乗り場の列の、前から 23 人めにならんでいます。かんらん車には、１台に４人ずつ乗ります。

ゆかさんは、何台めのかんらん車に乗ることになるでしょうか。　式·答え　1つ5点(10点)

式

答え（　　　　　　）

---

 はってん

教科書　上 105 ページ

**1**　　ある月のカレンダーで、30 日が何曜日であるかを調べます。

　　□にあてはまる数や言葉を書きましょう。

| 日 | 月 | 火 | 水 | 木 | 金 | 土 |
|---|---|---|---|---|---|---|
| 1 | 2 | 3 | 4 | 5 | 6 | 7 |
| 8 | 9 | 10 | 11 | 12 | 13 | 14 |
| 15 | 16 | 17 | 18 | 19 | 20 | 21 |

(1)　次のわり算をしましょう。

① 8÷7＝　1　あまり□

② 9÷7＝□　あまり□

③ 10÷7＝□　あまり□

④ 11÷7＝□　あまり□

⑤ 12÷7＝□　あまり□

⑥ 13÷7＝□　あまり□

⑦ 14÷7＝□　あまり□

(2)　30÷7＝□　あまり□　です。

同じように７でわって、あまりが２になる曜日は月曜日なので、

30 日は□です。

わり算のあまりに注目してみよう。

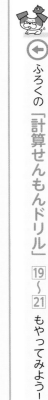

ふろくの「計算せんもんドリル」19〜21 もやってみよう！

ふりかえり　**1**がわからないときは、40 ページの**2**にもどってかくにんしてみよう。

45

算数ワールド

# なみ木道

教科書　上 108〜109 ページ　答え　18 ページ

**1** 　長さ 50 m のどうろの右がわに、さくらの木を植えます。5 m おきにはしからはしまで植えるとすると、さくらの木は何本いるでしょうか。

式

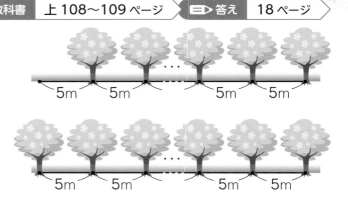

答え　□本

はしからはしまで植えると書いてあるから、下の絵が正しいね。

**2** 　道にそって、さくらの木を 8 m ごとに植えていきます。はしからはしまで植えるとき、次の問題に答えましょう。

（1）　さくらの木が 9 本のとき、1 本めと 9 本めの間の長さは何 m でしょうか。

式

答え　□m

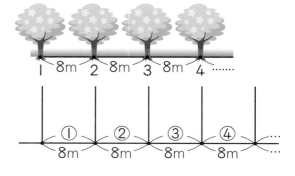

（2）　はしからはしまでの長さが 80 m のとき、さくらの木は何本いるでしょうか。

式

答え　□本

かんたんな図で表してみよう。

**3** 　池のまわりの長さが 60 m で、3 m おきにさくらの木を植えます。さくらの木は何本いるでしょうか。

式

答え　□本

はじめと終わりがつながっているとき、木の間の数と木の数はいつも同じだね。

**4** ピクニックで12km歩きます。その間に3回休けいをして、いちどに歩く道のりがすべて同じになるようにします。

何kmごとに休けいをすればよいでしょうか。

式

> 休けいのところを木と考えてみよう。

答え （　　　　　　　　　　　）

**5** 運動会の練習で、1列にならびます。ななこさんは16番、あづきさんは37番でした。ななこさんとあづきさんの間には、2人を入れて何人いるでしょうか。

式

答え （　　　　　　　　　　　）

**6** まっすぐな道にそって、10本のくいを4mおきに打ちました。くいの打ちはじめから、打ち終わったところまでの長さをもとめます。

(1) 6本のくいを打ったとき、くいの打ちはじめから6本めまでの間は、何mになるでしょうか。

式

答え （　　　　　　　　　　　）

(2) 10本のくいを全部打ったとき、はじめのくいから10本めのくいまでの長さは何mでしょうか。

式

答え （　　　　　　　　　　　）

この本の終わりにある「夏のチャレンジテスト」をやってみよう！

⑧ 10000 より大きい数

# 万の位

教科書　上 110〜117 ページ　⏩答え　19 ページ

✏ 次の ▢ にあてはまる言葉や記号、数を書きましょう。

◎めあて　千万の位までの数がよめるようにしよう。　練習 ❶ ❷ →

🐾 大きい数の位

千の位の左の位を**一万の位**といい、一万の位から左へじゅんに、**十万の位**、**百万の位**、**千万の位**といいます。

| 千万の位 | 百万の位 | 十万の位 | 一万の位 | 千の位 | 百の位 | 十の位 | 一の位 |
|---|---|---|---|---|---|---|---|
| 2 | 9 | 4 | 3 | 5 | 8 | 7 | 6 |

二千九百四十三万五千八百七十六

**1** 67829325 をよみましょう。

**とき方** 67829325 は、▢ 七百八十 ▢ 九千三百二十五とよみます。

◎めあて　数の大小、1000 や 10000 をもとにした数の見方がわかるようにしよう。　練習 ❸ ❹ →

🐾 不等号と等号

＞、＜の記号を**不等号**、＝の記号を**等号**といいます。

10000 ＞ 1000
⓪大　　　⓪小

🐾 1000 や 10000 をもとにした数の見方

下のような数の線を**数直線**といいます。

0　　　10000　　　20000　　　30000

130000 は、10000 を 13 こあつめた数です。
また、1000 を 130 こあつめた数です。

| 1 3 0 0 0 0 |
| 1 0 0 0 0 |

| 1 3 0 0 0 0 |
| 1 0 0 0 |

**2** ▢ にあてはまる等号か不等号を書きましょう。

(1) 20000＋10000 ▢ 40000　　(2) 47000 ▢ 40000＋7000

**3** 下の㋐、㋑のめもりが表す数はいくつでしょうか。

㋐　　　　　　　　　　　　㋑
0　↓　10000　20000　↓30000　40000

**とき方** 1めもりの大きさは ① ▢ です。

㋐は、めもり 4 つ分だから、② ▢ です。

㋑は、20000 より ③ ▢ 大きい数で、④ ▢ です。

★できた問題には、「た」を書こう！★

でき 1　でき 2　でき 3　でき 4

学習日　月　日

教科書　上110〜117ページ　答え　19ページ

## 1 次の数をよみましょう。

教科書　113ページ 2

① 24793

（　　　　　　）

② 1703500

（　　　　　　）

## 2 次の数を数字で書きましょう。

教科書　112ページ ◇1、113ページ 2

① 三万九千二百五十六

（　　　　　　）

② 八千三百八万千四

（　　　　　　）

③ 1000万を5こと、100万を8こと、1万を7こあわせた数

（　　　　　　）

## 3 □にあてはまる等号か不等号を書きましょう。

教科書　115ページ 3

① 9000＋20000 □ 28000

② 20万 □ 50万－30万

けた数が同じなら、
大きい位の数から
くらべよう。

よくみて

## 4 下のあからうのめもりが表す数を書きましょう。

教科書　116ページ 4

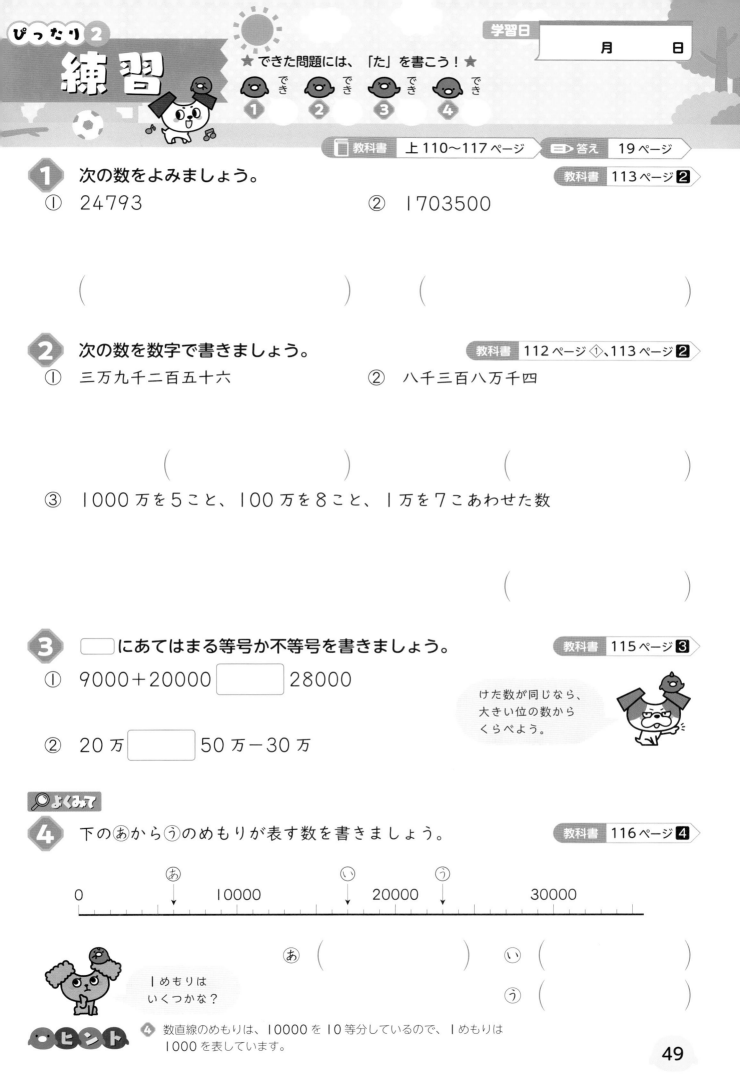

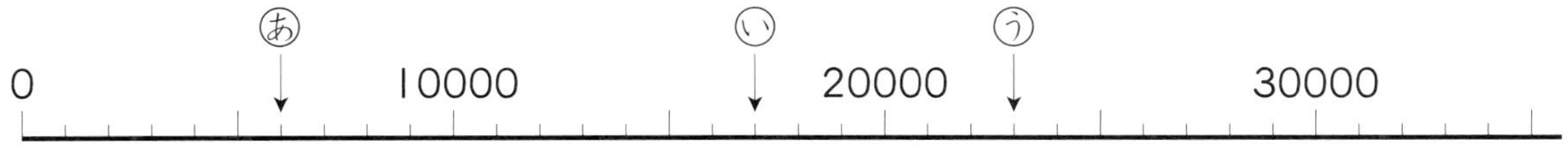
あ
い
う
0
10000
20000
30000

あ（　　　　　　）　い（　　　　　　）

う（　　　　　　）

1めもりは
いくつかな？

ヒント

4 数直線のめもりは、10000を10等分しているので、1めもりは1000を表しています。

ぴったり1
じゅんび

8 10000 より大きい数

一億
10倍の数や10でわった数

学習日　　月　　日

教科書　上 117〜119 ページ　答え　19 ページ

✏️ 次の⬜にあてはまる数を書きましょう。

◎めあて　**一億**の大きさがわかるようにしよう。　練習 ①➡

🐾 一億

1000万を10こあつめた数を**一億**といい、**100000000** と書きます。

**1** ⬜にあてはまる数を書きましょう。

とき方　99999999 より1大きい数は ⬜ です。

◎めあて　ある数を10**倍**、100倍、1000倍した数をもとめられるようにしよう。　練習 ②③➡

🐾 10倍の数、100倍の数、1000倍の数

ある数を10倍すると位が1つ上がり、もとの数の右はしに0を1つつけた数になります。

10倍の10倍は100倍です。
100倍の10倍は1000倍です。

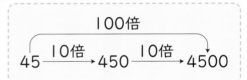

| 一万の位 | 千の位 | 百の位 | 十の位 | 一の位 |
|---|---|---|---|---|
|  |  |  | 4 | 5 |
|  |  | 4 | 5 | 0 |
|  | 4 | 5 | 0 | 0 |
| 4 | 5 | 0 | 0 | 0 |

**2** 12 を10倍、100倍した数を書きましょう。

とき方　10倍した数…12の10倍は、12×10＝⬜

100倍した数…12の10倍の10倍と考えて、12×100＝⬜

◎めあて　ある数を10でわった数をもとめられるようにしよう。　練習 ④➡

🐾 10でわった数

一の位に0がある数を10でわると位が1つ下がり、一の位の0をとった数になります。

| 百の位 | 十の位 | 一の位 |
|---|---|---|
| 4 | 5 | 0 |
|  | 4 | 5 |

**3** 380 を10でわった数を書きましょう。

とき方　10でわると、380の一の位の0をとった数になるので、⬜。

ぴったり2
練習

★ できた問題には、「た」を書こう！★
でき ① でき ② でき ③ でき ④

学習日
月　　　日

教科書 上117〜119ページ　答え 19ページ

**！まちがい注意**

**1** □にあてはまる数や言葉を書きましょう。　教科書 117ページ 6

① 99999970　　99999980　　99999990　　□

99999975　　99999985　　99999995

② 100000000 は、1000万を □ こあつめた数です。

また、99999999 より 1 □ 数です。

**2** 次の数を 10 倍した数を書きましょう。　教科書 118ページ 7・8

① 60　　　　　　　　　　② 135

（　　　　　　　）　　　（　　　　　　　）

10倍すると、位が 1つ上がるんだったね。

③ 540　　　　　　　　　④ 900

（　　　　　　　）　　　（　　　　　　　）

**3** 次の数を 100 倍、1000 倍した数を書きましょう。　教科書 119ページ 9

① 19　　　　　　　　　　② 700

（　　　　　）（　　　　　）　（　　　　　）（　　　　　）

③ 420　　　　　　　　　④ 3万

（　　　　　）（　　　　　）　（　　　　　）（　　　　　）

**4** 次の数を 10 でわった数を書きましょう。　教科書 119ページ 10

① 30　　　　　　　　　　② 800

（　　　　　　　）　　　（　　　　　　　）

10でわると、位が 1つ下がるんだったね。

③ 960　　　　　　　　　④ 1000万

（　　　　　　　）　　　（　　　　　　　）

**ヒント** 3 100倍は 10倍の 10倍、1000倍は 100倍の 10倍になります。

ぴったり3
たしかめのテスト

⑧ 10000 より大きい数

時間 30分
／100
ごうかく 80点

教科書　上 110〜121 ページ　　答え　20 ページ

知識・技能 　　　　　　　　　　　　　　　　　　　　　　　／80点

**1** よく出る 次の数を数字で書きましょう。　　　　　1つ2点(12点)

① 四千五百六十七万九千三十八

（　　　　　　　　　　　　）

② 六百二万五百七

（　　　　　　　　　　　　）

③ 1000 万を 4 こと、1 万を 2 こあわせた数

（　　　　　　　　　　　　）

④ 10 万より 1 小さい数

（　　　　　　　　　　　　）

⑤ 10000 を 50 こあつめた数

（　　　　　　　　　　　　）

⑥ 1000 万を 10 倍した数

（　　　　　　　　　　　　）

**2** 下の⑧から⑩のめもりが表す数を書きましょう。　　　1つ4点(16点)

①
⑧　　　　　　　　　　　⑩

0　　　　↓　　　　　10000　　　↓　　　　20000

②
⑤　　　　　　　　　⑩

78000　　↓　　79000　　　　↓

**❸** よく出る ☐ にあてはまる等号か不等号を書きましょう。　1つ3点(12点)

① 2500＋10000 ☐ 15200

② 490000 ☐ 40000＋9000

③ 8000＋2000 ☐ 10000

④ 7000万−3000万 ☐ 2000万＋3000万

**❹** 次の数を10倍、100倍、1000倍した数、10でわった数を書きましょう。
　　　　　　　　　　　　　　　　　　　　　　　　　　( 　)1つ5点(40点)

① 850

10倍 ( 　　　　　)

100倍 ( 　　　　　)

1000倍 ( 　　　　　)

10でわった数 ( 　　　　　)

② 4万

10倍 ( 　　　　　)

100倍 ( 　　　　　)

1000倍 ( 　　　　　)

10でわった数 ( 　　　　　)

思考・判断・表現　　　　　　　　　　　　　　　　／20点

**できたらスゴイ！**

**❺** 76000をいろいろな見方で表します。
☐ にあてはまる数を書きましょう。　1つ5点(20点)

① 70000と ☐ をあわせた数

② ☐ より4000小さい数

③ 1000を ☐ こあつめた数

④ 760を ☐ 倍した数

**ふりかえり** ❶①②がわからないときは、48ページの❶にもどってかくにんしてみよう。

53

# 円

3分でまとめ

教科書　上 122〜129 ページ　答え　21 ページ

 次の◯にあてはまる数を書きましょう。

**めあて** 円のせいしつがわかるようにしよう。　　練習 **1 2** →

🐾 **円と円の中心**

　1つの点から同じ長さになるようにかいたまるい形を、円といいます。

　円のまん中の点を、円の**中心**といいます。

🐾 **半径**

　中心から円のまわりまでかいた直線を、**半径**といいます。

　1つの円では、半径はみんな同じ長さです。

🐾 **直径**

　円の中心を通って、円のまわりからまわりまでかいた直線を**直径**といいます。

　1つの円の直径の長さは、半径の長さの2倍です。

円の直径は、円のまわりから
まわりまでかいた直線の中で
いちばん長い直線だね。

**1**　直径が8cmの円の半径は何cmでしょうか。

**とき方**　半径の長さの2倍が直径の長さになるから、
円の半径は、8÷2＝◯（cm）になります。
　　　　　　直径の長さ

**めあて** コンパスを使って、円をかくことができるようにしよう。　　練習 **3 4** →

🐾 **コンパスを使った円のかき方**

❶　半径の長さに開く。

❷　中心を決めて、はりをさす。

❸　ななめにかたむけてひと回りさせる。

中心のはりが
ずれないように
しっかりさそう。

**2**　直径が6cmの円をかきましょう。

**とき方**　直径が6cmの円をかくときは、
コンパスを◯cmの長さに開き
ます。

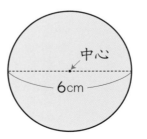

中心
6cm

中心にはりを
さしてね。

ぴったり2

練習

★ できた問題には、「た」を書こう！★
でき ① でき ② でき ③ でき ④

学習日
月　　日

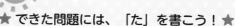

教科書 上122～129ページ ⟩ ⟩ 答え 22ページ

**1** ☐ にあてはまる言葉や数を書きましょう。

教科書 125ページ **2**

① 円の形をした紙を、きちんと重なるように2つにおったとき、おりめの線は、どれも円の ☐ を通ります。

② 半径が5cmの円の直径は ☐ cm です。

③ 直径が12cmの円の半径は ☐ cm です。

**2** 右のように、正方形の中に円がぴったり入っています。

教科書 127ページ **3**

① この円の半径は何cmでしょうか。

（　　　　　）

② 円の中の直線のうち、いちばん長い直線はどれでしょうか。

（　　　　　）

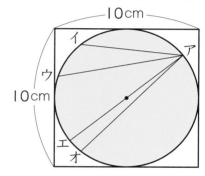

10cm
イ
ウ
10cm
エ オ
ア

**3** 次の円をかきましょう。

教科書 128ページ **4**

① 半径が2cm5mmの円

② 直径が4cmの円

**4** コンパスを使って、下の直線を、左はしから2cmずつに区切りましょう。

教科書 129ページ **5**

コンパスは、長さを
写し取るときにも
使うよ。

──────────────────────────────

ヒント **2** ① 円の直径は、正方形の辺の長さ10cmと等しいことから、半径の長さをもとめます。

次の◯◯にあてはまる言葉や数を書きましょう。

**めあて** 球のせいしつがわかるようにしよう。　　練習 ① ② ③ →

**球**

どこから見ても円に見える形を**球**といいます。

**球の半径、直径**

球を半分に切ったとき、その切り口の円の中心、半径、直径を、それぞれ球の中心、半径、直径といいます。

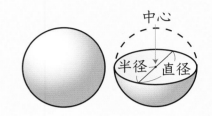

**1** 半径が 4 cm の球の直径は何 cm でしょうか。

**とき方** 球の直径の長さは、半径の長さの ◯◯ なので、◯◯ cm です。

**2** 右の図は、球をちょうど半分に切ったものです。
(1) 切り口はどんな形でしょうか。
(2) アの点、直線アエ、直線イウをそれぞれ球の何という
　　でしょうか。
(3) 直線アエと等しい長さはどこでしょうか。
(4) 直線イウの長さが 6 cm のとき、直線アエの長さは何 cm でしょうか。

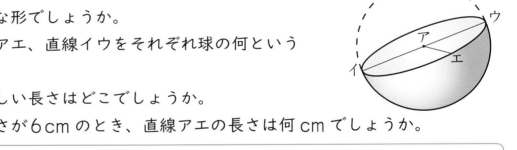

**とき方** (1) 球は、どのように切っても、切り口は ◯◯ になります。
(2) 球を半分に切ったとき、切り口の円の中心、半径、直径を、それぞれ
　　球の中心、半径、直径といいます。
　　　よって、アの点は球の ◯◯ 、直線アエは球の ◯◯ 、直線イウは球の
　　◯◯ です。
(3) 直線アエは半径です。半径はみんな同じ長さだから、直線アエと等しい長さは
　　直線 ◯◯ と直線 ◯◯ です。
(4) 半径の長さの 2 倍が直径の長さになるから、
　　球の半径は、6 ÷ 2 ＝ ◯◯ cm になります。
　　　　　　　　↑
　　　　　　直径の長さ
　　よって、直線アエは ◯◯ cm です。

半径や直径のせいしつは、円の場合と同じだね。

56

ぴったり2
練習

★ できた問題には、「た」を書こう！★
でき 1　でき 2　でき 3

学習日
月　　　日

教科書　上 130〜131 ページ　答え　22 ページ

**1** 次の⑦から㋒のうち、球の形をしたものを１つえらび、記号で答えましょう。

教科書　130ページ **6**

⑦　たまご　　　　　⑦　テニスボール　　　⑦　100円玉　　　　㋒　ラグビーボール

（　　　　　　　　）

**2** 右の図のように、球をいろいろなところで切ります。

教科書　130ページ **2**

① 切り口はどんな形をしているでしょうか。

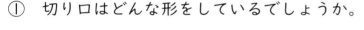

（　　　　　　　　）

② 切り口がいちばん大きくなるのは、どのように切ったときでしょうか。

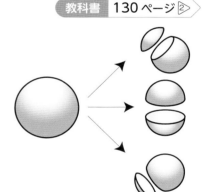

（　　　　　　　　　　　　　　　　）

**よくみて**

**3** 右の図のように、箱の中に同じ大きさのボールがぴったり３こ入っています。

教科書　131ページ **1**

① ボールの直径は何 cm でしょうか。

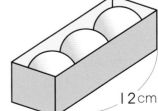

12cm

（　　　　　　　　）

② ボールの半径は何 cm でしょうか。

（　　　　　　　　）

 ヒント
**1** 球は真上や真横のどこから見ても、円に見える形のことです。
**3** ① 真上から見たときのようすを考えます。

57

# ❾ 円と球

📖 教科書　上 122～135 ページ　　▶️ 答え　22 ページ

---

**知識・技能**　　　　　　　　　　　　　　　　　　　　　　　／42点

**❶**　□ にあてはまる言葉や数を書きましょう。　　　□1つ6点(30点)

①　円の中心からまわりまでかいた直線を、□ といいます。

②　円の直径は、円の □ を通って、円のまわりからまわりまでかいた直線で、
半径の長さの □ 倍の長さになります。

③　球は、どこから見ても □ に見える形です。

④　球の直径の長さは、□ の長さの2倍です。

**❷**　次の円をかきましょう。　　　　　　　　　　　　　　　1つ6点(12点)
①　半径が2cmの円　　　　　　　②　直径が7cmの円

---

**思考・判断・表現**　　　　　　　　　　　　　　　　　　　／58点

**できたらスゴイ！**

**❸**　右のように、長方形の中に半径が3cmの円
をぴったりくっつけて3つかきました。
　長方形のあ、○の辺の長さは何cmでしょうか。
1つ6点(12点)

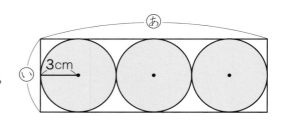

あ （　　　　　　　）　○ （　　　　　　　）

**4** よく出る 右のように、直径が 16 cm の円の中に同じ大きさの円が 2 つ入っています。　　　1つ8点(16点)

① 大きい円の半径は何 cm でしょうか。

（　　　　　　　　）

② 小さい円の半径は何 cm でしょうか。

（　　　　　　　　）

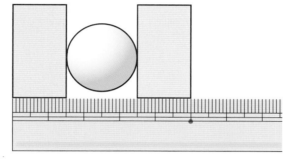

**5** 下のように、箱ではさんで球の直径をはかりました。　　　1つ7点(14点)

① 球の直径は何 cm でしょうか。

（　　　　　　　　）

② 球の半径は何 cm でしょうか。

（　　　　　　　　）

**できたらスゴイ！**

**6** 右のように、箱の中に球の形をした同じ大きさのおかしがぴったり 12 こ入っています。箱の横の長さは 24 cm です。　　　1つ8点(16点)

① おかしの直径は何 cm でしょうか。

（　　　　　　　　）

② 箱のたての長さは何 cm でしょうか。

（　　　　　　　　）

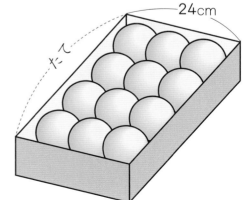
24cm

**ふりかえり** 🐼 **1** ①②がわからないときは、54 ページの **1** にもどってかくにんしてみよう。

# ぴったり① じゅんび

3分でまとめ

# 2けた×1けたの計算

教科書　下4〜11ページ　▶答え　23ページ

✎ 次の◯◯にあてはまる数を書きましょう。

🎯めあて　2けた×1けたの計算ができるようにしよう。　　　練習❶→

🐾 14×3の筆算のしかた

① 
```
  1 4
× 3
```
位をたてに
そろえて書く。

→

② 
```
  1 4
× 3
  1 2
```
一の位の計算をする。
「三四12」
12の1を十の位に
くり上げる。

→

③ 
```
  1 4
× 3
  4 2
```
十の位の計算をする。
「三一が3」
3にくり上げた
1をたして4。

```
  1 4
×  3
  1 2 … 4×3
+3 0 …10×3
  4 2
```

**1** 筆算でしましょう。

(1) 41×2

(2) 17×3

とき方 (1) 
```
  4 1
× 2
  2
```
→
```
  4 1
× 2
  ◯◯◯
```
「二四が8」の8は十の位に書く。

(2) 
```
  1 7
× 3
 ²1
```
→
```
  1 7
× 3
 ◯◯◯
```
「三一が3」の3にくり上げた2をたして5。

🎯めあて　答えが3けたになる筆算ができるようにしよう。　　　練習❷❸❹→

🐾 53×5の筆算のしかた

① 
```
  5 3
× 5
```
位をたてに
そろえて書く。

→

② 
```
  5 3
× 5
  1 5
```
一の位の計算をする。
「五三15」
15の1を十の位に
くり上げる。

→

③ 
```
  5 3
× 5
2 6 5
```
十の位の計算をする。
「五五25」
25にくり上げた
1をたして26。

26の2は
百の位に
書くよ。

**2** 筆算でしましょう。

(1) 71×6

(2) 18×6

十の位に0を書くのを
わすれないようにね。

とき方 (1) 
```
  7 1
× 6
  6
```
→
```
  7 1
× 6
 ◯◯◯
```
「六七42」の4は百の位に書く。

(2) 
```
  1 8
× 6
 ⁴8
```
→
```
  1 8
× 6
 ◯◯◯
```
「六一が6」の6にくり上げた4をたして10。

ぴったり 2
練習

★できた問題には、「た」を書こう！★
でき ① でき ② でき ③ でき ④

学習日 　月　　日

教科書 下4〜11ページ ⏵ 答え 23ページ

**1** 筆算でしましょう。

教科書 5ページ**1**、8ページ**2**、9ページ**3**

① 32×3 　　② 46×2 　　③ 14×5

位をたてに
そろえて書こう。

**2** 計算をしましょう。

教科書 10ページ**4**・**5**

① 　92
　×　2

② 　83
　×　3

③ 　67
　×　8

④ 　49
　×　7

⑤ 　76
　×　4

⑥ 　29
　×　5

**3** 38人乗りのバスが4台あります。
　バスには全部で何人乗れるでしょうか。

教科書 10ページ**4**

式

答え（　　　　　　　）

**4** 1まい25円の工作用紙を8まい買います。
　代金は何円になるでしょうか。

教科書 10ページ**5**

式

答え（　　　　　　　）

 ❶ 位をたてにそろえて書くこと、くり上げた数をたすことの2つをわ
すれないようにすることがポイントです。

ぴったり1
じゅんび

⑩ かけ算の筆算

# 3けた×1けたの計算
# かけ算の暗算

学習日

月　　日

教科書　下 11〜15 ページ　　答え　23 ページ

✏️ 次の ◯ にあてはまる数を書きましょう。

🎯めあて　3けた×1けたの計算ができるようにしよう。　　練習 ❶ ❷ ❹ →

🐾 314×2 の筆算のしかた

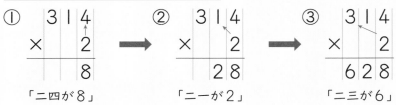

「二四が8」　　　「二一が2」　　　「二三が6」

かけられる数が3けたになっても、位ごとに数を分けて、九九を使えばもとめられるね。

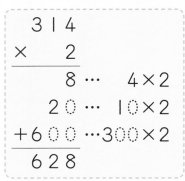

$$314 \times 2$$

$$8 \cdots 4 \times 2$$
$$20 \cdots 10 \times 2$$
$$+600 \cdots 300 \times 2$$
$$628$$

**1** 183×3 を筆算でしましょう。

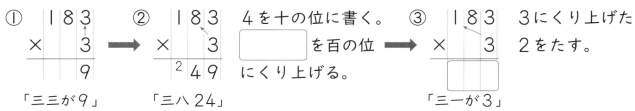

とき方　位をたてにそろえて書きます。

① 183 ×3 = 9　「三三が9」

② 183 ×3　4を十の位に書く。◯を百の位にくり上げる。「三八24」

③ 183 ×3　3にくり上げた2をたす。「三一が3」

🎯めあて　かけ算の暗算ができるようにしよう。　　練習 ❸ →

🐾 24×3 の暗算のしかた

上の位から計算していきます。

❶ 20×3＝60
❷ 4×3＝12
あわせて 72

24を20と4に分けて、上の位から頭の中で計算していくよ。

**2** 26×4 を暗算でしましょう。

とき方　かけられる数を2つに分けて考えます。

26×4　20 6

❶ ◯×4＝80
❷ 6×4 ＝24
あわせて ◯

筆算を使わなくても計算ができたね。

★ できた問題には、「た」を書こう！★
 でき ①  でき ② でき ③ でき ④

学習日 月 日

教科書 下11〜15ページ 答え 24ページ

**1** 筆算でしましょう。

教科書 11ページ **6**、13ページ **8**

① 243×2

② 482×3

くり上がりに
注意しよう。

**2** 計算をしましょう。

教科書 12ページ ⑪、13ページ **7・8**、14ページ **9**

①
```
  132
×   2
```

②
```
  179
×   5
```

③
```
  621
×   4
```

④
```
  518
×   4
```

⑤
```
  201
×   8
```

⑥
```
  680
×   7
```

**3** 暗算でしましょう。

教科書 15ページ **10**

① 43×2

② 16×3

③ 28×8

④ 70×5

📖 よくよんで

**4** あやかさんは、1m 980円のぬのを2m買います。
代金は何円になるでしょうか。

教科書 14ページ **9**

式

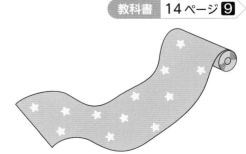

答え （ 　　　　　　　 ）

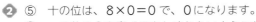

ヒント **2** ⑤ 十の位は、8×0＝0で、0になります。
⑥ 一の位の0を書くのをわすれないようにします。

⑩ かけ算の筆算

📖教科書 下4〜19ページ ➡答え 24ページ

知識・技能 ／70点

**1** 次の筆算のまちがいを見つけて、正しく計算しましょう。 1つ5点(10点)

① 　52
　× 4
　　28

② 　604
　×　2
　　128

**2** よく出る 筆算でしましょう。 1つ4点(24点)

① 17×4 　　② 31×5 　　③ 95×7

④ 46×9 　　⑤ 84×6 　　⑥ 58×4

**3** よく出る 計算をしましょう。 1つ3点(18点)

① 　413
　×　2

② 　186
　×　3

③ 　825
　×　5

④ 　369
　×　8

⑤ 　703
　×　4

⑥ 　290
　×　7

**4** 暗算でしましょう。 1つ3点(18点)

① 12×4 　　② 83×3 　　③ 15×5

④ 37×2 　　⑤ 28×3 　　⑥ 14×5

思考・判断・表現 　　　　　　　　　　　　　　　　　　　／30点

**5** 1箱 664 円のクッキーを 7 箱買います。

代金は何円になるでしょうか。 　　　　　　　　　　式・答え　1つ5点(10点)

式

答え（ 　　　　　　　　 ）

📖 **よくよんで**

**6** 1しゅう 314 m の公園のまわりを 4 しゅう走ります。

全部で何 km 何 m 走ることになるでしょうか。 　　　　式・答え　1つ5点(10点)

式

答え（ 　　　　　　　　 ）

**できたらスゴイ！**

**7** 1こ 65 円のまんじゅうが、1箱に 4 こずつぴったり入っています。

5箱では、何円になるでしょうか。 　　　式・答え　1つ5点(10点)

式

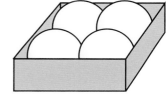

答え（ 　　　　　　　　 ）

---

**はってん** 　**4けたのかけ算にちょうせん**　　　　　　教科書　下14ページ

**1** 次の計算をしましょう。

① 3000×5

② 　　3642
　　×　　　2

---

**ふりかえり** 　　1①がわからないときは、60ページの **2** にもどってかくにんしてみよう。

右端縦書き：→ ふろくの「計算せんもんドリル」 22〜29 もやってみよう！

**11** 重さ

**重さくらべ**
**はかり　　はかり方のくふう**

教科書　下 20〜29 ページ　　答え　25 ページ

次の ▢ にあてはまる数や単位を書きましょう。

◎**めあて** 重さの単位 g がわかり、はかりを使えるようにしよう。　　練習 ①②➡

🐾 **重さの単位　グラム**

重さの単位には、**グラム**があります。
| グラムは **| g** と書きます。
重さをはかるには、はかりを使います。

| 円玉 | この重さは、ちょうど | g だよ。

**1** 右の重さは何 g でしょうか。

**とき方** 0 から 200 の間が 20 に分けられているから、いちばん小さい | めもりは、▢ g を表しています。

右の重さは ▢ g です。

◎**めあて** 重さの単位 kg がわかるようにしよう。　　練習 ②③④➡

🐾 **重さの単位　キログラム**

重い物をはかるには、**キログラム**という単位を使います。
| キログラムは **| kg** と書きます。　　**| kg＝1000 g**

| kg

**2** 右の重さは何 kg 何 g でしょうか。

**とき方** いちばん小さい | めもりは、100 ▢ を表しています。

右の重さは ▢ kg ▢ g です。

**3** じゃがいもをかごに入れて重さをはかったら、| kg 600 g ありました。かごだけの重さは 300 g です。じゃがいもの重さは何 kg 何 g でしょうか。

**とき方** 全体の重さからかごの重さをひきます。

同じ単位の数どうしで計算するよ。

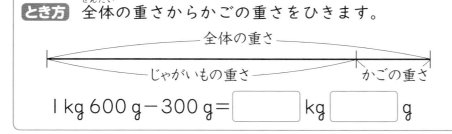

全体の重さ
じゃがいもの重さ　　　かごの重さ

| kg 600 g－300 g＝▢ kg ▢ g

ぴったり2
練習

★ できた問題には、「た」を書こう！★
でき 1　でき 2　でき 3　でき 4

学習日
月　　　日

教科書　下 20〜29 ページ　　答え　25 ページ

**1**　１円玉 | この重さは、ちょうど | g です。はさみ
の重さを、１円玉の数で調べたら、１円玉 30 こ分の
重さでした。
　はさみの重さは何 g でしょうか。　教科書 23 ページ ①

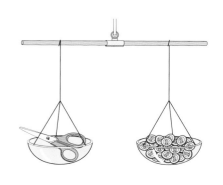

(　　　　　　　)

**2**　はりのさしているめもりをよみましょう。　教科書 24 ページ **2**、26 ページ **3**

①

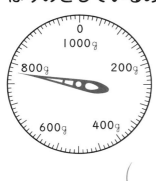

(　　　　　　　)

②

(　　　　　　　)

**3**　200 g のダンボール箱に、850 g の荷物を入れると、全体の重さは何 kg 何 g
になるでしょうか。　教科書 29 ページ **5**

(　　　　　　　)

📖 **よくよんで**

**4**　500 g のかごに、りんご 10 こを入れて
重さをはかったら、右のようになりました。
　りんご 10 こ分の重さは何 kg 何 g になるで
しょうか。　教科書 29 ページ **5**

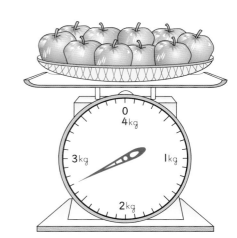

かごの重さを
ひくのをわすれないでね。

(　　　　　　　)

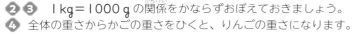

ヒント　**2 3**　| kg＝1000 g の関係をかならずおぼえておきましょう。
　　　　**4**　全体の重さからかごの重さをひくと、りんごの重さになります。

教科書　下 30〜31 ページ　　答え　26 ページ

次の◯◯にあてはまる数や単位を書きましょう。

めあて　重さや長さ、水のかさの単位のしくみがわかるようにしよう。　　練習 ❶ ❷ ➡

🐾 これまでに学習した単位

重さ　　1g　　10g　　100g　　1kg
　　　　　10倍　　10倍　　10倍

長さ　　1mm　1cm　10cm　1m　10m　100m　1km
　　　　　10倍　10倍　10倍　10倍　10倍　10倍

かさ　　1mL　10mL　1dL　1L
　　　　10倍　10倍　10倍

1km は 1m の 1000 倍の長さだね。

**1**　1kg、1km、1cm、1mm、1dL、1mL を、下の表のあてはまるところに書きましょう。

とき方　それぞれ、1g、1m、1L をもとにして、何倍になるか考えます。

| | キロ k | | | | デシ d | センチ c | ミリ m |
|---|---|---|---|---|---|---|---|
| 重さ | | (100g) | (10g) | 1g | | | |
| 長さ | | (100m) | (10m) | 1m | | | |
| かさ | | (100L) | (10L) | 1L | | | |

**2**　◯◯にあてはまる数を書きましょう。

(1)　1m ＝ ◯◯ mm　　　　　　　(2)　1L ＝ ◯◯ mL

とき方　(1)　1m は 1mm を 1000 こあつめた長さなので、1m ＝ ◯◯ mm

(2)　1L は 1mL を 1000 こあつめたかさなので、1L ＝ ◯◯ mL

めあて　重さの単位 t がわかるようにしよう。　　練習 ❸ ➡

🐾 重さの単位　トン

重さの単位には、g や kg のほかに、**トン**があります。
1 トンは **1t** と書きます。　　　　**1t ＝ 1000 kg**

②↓①
1t

**3**　2t は何 kg でしょうか。

とき方　1t ＝ 1000 kg なので、2t ＝ ◯◯ kg

ぴったり 2
練 習

★ できた問題には、「た」を書こう！★

でき ① でき ② でき ③

教科書 下 30〜31 ページ 答え 26 ページ

**1** ◯ にあてはまる数を書きましょう。 教科書 30ページ **6**

① 1 kg は 1 g を ☐ こあつめた重さです。

② 1 km は 1 m を ☐ こあつめた長さです。

③ 1 L は 1 dL を ☐ こあつめたかさです。

④ 1 km は 10 m を ☐ こあつめた長さです。

何倍の大きさに
なっているかな。

⑤ 1 kg は 10 g を ☐ こあつめた重さです。

**！ まちがい注意**

**2** ◯ にあてはまる数を書きましょう。 教科書 30ページ **6**

① 1 m = ☐ cm       ② 1 kg = ☐ g

③ 1 L = ☐ dL       ④ 1 m = ☐ mm

⑤ 1 L = ☐ mL

キロリットル、ミリグラム
などの単位もあるよ。
1 kL = 1000 L
1 g = 1000 mg

**3** ◯ にあてはまる数を書きましょう。 教科書 31ページ **7**

① 5 t = ☐ kg       ② 4000 kg = ☐ t

③ 10 t = ☐ kg

**ヒント** ① kやmの意味に目をつけて、単位のしくみを考えてみよう。

ぴったり③
**たしかめのテスト**

⑪ **重さ**

時間 **30** 分

／100

ごうかく **80** 点

教科書　下 20〜34 ページ　　答え　26 ページ

知識・技能　　　　　　　　　　　　　　　　　　　　　　　　　　／50点

**1** よく出る　下のはかりのいちばん小さい｜めもりは何 g を表しているでしょうか。また、はりのさしているめもりをよみましょう。　　　　　　　　　（　）1つ3点（24点）

① 　　｜めもり

（　　　　　）

重さ

（　　　　　）

② 　　｜めもり

（　　　　　）

重さ

（　　　　　）

③ 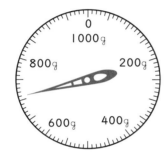　　｜めもり

（　　　　　）

重さ

（　　　　　）

④ 　　｜めもり

（　　　　　）

重さ

（　　　　　）

**2** □にあてはまる単位を書きましょう。　　　　　　　　　　1つ2点（6点）

① 玉ねぎ｜この重さ　　　　　　170 ［　　　］

② さとるさんの体重　　　　　　 27 ［　　　］

③ ゾウの体重　　　　　　　　　　 4 ［　　　］

**3** よく出る　次の重さを、（　）の中の単位で表しましょう。　　1つ5点（20点）

① 3kg　（g）　　　　　　　　　② 4kg 700 g　（g）

（　　　　　）　　　　　　　　　　　　　　（　　　　　）

③ 2830 g　（kg、g）　　　　　④ 1097 g　（kg、g）

（　　　　　）　　　　　　　　　　　　　　（　　　　　）

思考・判断・表現　　　　　　　　　　　　　　　　　　　　　　　　／50点

**4** よく出る さとうを入れ物に入れて重さをはかったら、900gありました。入れ物だけの重さは150gです。

さとうの重さは何gでしょうか。　　　　　　　式・答え　1つ5点(10点)

式

答え （　　　　　　　　）

**5** 下の図のようにボールをかごに入れて重さをはかりました。

ボールだけの重さをもとめましょう。　　　　式・答え　1つ6点(12点)

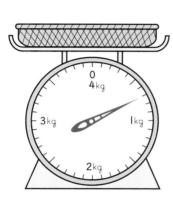 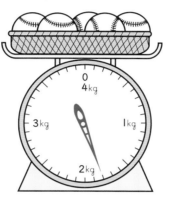

2つのはかりのめもりを、たすのかな？ひくのかな？

式

答え （　　　　　　　　）

**できたらスゴイ！**

**6** 1さつの重さが350gの本を4さつかさねて重さをはかりました。

本全体の重さは何kg何gになるでしょうか。　　　式・答え　1つ8点(16点)

式

答え （　　　　　　　　）

**7** 学んだことを使おう 次の □ にあてはまる重さ、長さをはかってみましょう。

1つ4点(12点)

① （1円玉）の重さ 　□ g

② （1円玉）の直径 　□ cm

③ （5円玉）の中のあなの直径 　□ mm

ふりかえり ❶がわからないときは、66ページの❶にもどってかくにんしてみよう。

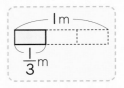

ぴったり **1**
じゅんび
3分でまとめ

⑫ 分数
# 分数の表し方

学習日　　月　　日

📖教科書　下 36〜43 ページ　⇒答え　27 ページ

✏️ 次の ◯ にあてはまる数を書きましょう。

🎯めあて　分数のしくみと表し方がわかるようにしよう。　　練習 ❶ ❷ →

🐾 **分数の表し方**

1 m の $\frac{1}{3}$ の長さを**三分の一メートル**といい、$\frac{1}{3}$ m と書きます。

分数の線の下の数を**分母**といい、線の上の数を**分子**といいます。

分母は、もとの大きさを何等分したかを表し、

分子は、等分した大きさの何こ分かを表します。

$\frac{1}{3}$ ┈┈分子
$\phantom{\frac{1}{3}}$ ┈┈分母

**1**　右の図で、色をぬったところの長さは、
何 m でしょうか。

**とき方**　1 m を 5 等分した 2 こ分の長さで、◯ m です。

**2**　右の図で、水のかさは、何 L でしょうか。

**とき方**　1 L を 4 等分した 3 こ分のかさで、◯ L です。

🎯めあて　分数の大小がわかるようにしよう。　　練習 ❸ ❹ →

🐾 **分数の大小**　分母が同じ分数では、分子が大きいほど、
大きい数になります。

右に行くほど大きい数

分母と分子が同じ数の分数は、1 と同じ大きさになるよ。

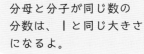

**3**　数の大小をくらべて、◯ に等号か不等号を書きましょう。

(1) $\frac{3}{10}$ ◯ $\frac{5}{10}$

(2) $\frac{5}{9}$ ◯ 1

**とき方**　(1) $\frac{3}{10}$ は $\frac{1}{10}$ が 3 こ分、$\frac{5}{10}$ は $\frac{1}{10}$ が 5 こ分なので、$\frac{3}{10}$ ◯ $\frac{5}{10}$

(2) $\frac{5}{9}$ は $\frac{1}{9}$ が 5 こ分、1 は $\frac{1}{9}$ が 9 こ分なので、$\frac{5}{9}$ ◯ 1

ぴったり 2
練習

★ できた問題には、「た」を書こう！★
でき ① でき ② でき ③ でき ④

学習日　月　日

教科書　下 36〜43 ページ　答え　27 ページ

**1** 次の長さだけ色をぬりましょう。　　教科書　37 ページ **1**、39 ページ **2**

① $\frac{1}{4}$ m

｜———————— 1m ————————｜

② $\frac{3}{8}$ m

｜———————— 1m ————————｜

**2** □ にあてはまる数を書きましょう。　　教科書　41 ページ **3**、42 ページ **4**

① $\frac{1}{5}$ g を 4 こあつめた重さは □ g です。

重さや長さ、水のかさも分数を使って表すことができるよ。

② $\frac{4}{7}$ m は $\frac{1}{7}$ m を □ こあつめた長さです。

③ $\frac{1}{2}$ L の 2 こ分は、□ L です。

**3** どちらの数が大きいでしょうか。　　教科書　43 ページ **5**

① $\frac{5}{7}$　$\frac{6}{7}$　（　　　　　）　② $\frac{3}{10}$　$\frac{4}{10}$　（　　　　　）

③ 1　$\frac{1}{2}$　（　　　　　）　④ 1　$\frac{3}{4}$　（　　　　　）

**4** 数の大小をくらべて、□ に等号か不等号を書きましょう。　　教科書　43 ページ **5**

① $\frac{1}{10}$ □ $\frac{9}{10}$　　② 1 □ $\frac{10}{10}$

③ $\frac{9}{8}$ □ $\frac{7}{8}$　　④ $\frac{3}{4}$ □ 0

ヒント　**1** ② $\frac{3}{8}$ は、1 を 8 等分した 3 こ分のことです。

ぴったり **1**

# じゅんび

**12** 分数

# 分数のたし算、ひき算

教科書　下 44〜46 ページ　　答え　28 ページ

 次の ☐ にあてはまる数を書きましょう。

◎ **めあて** 分数のたし算ができるようにしよう。　　　　練習 **1 3** →

🐾 $\frac{1}{4} + \frac{2}{4}$ の計算のしかた

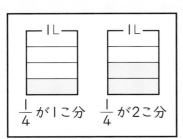

$\frac{1}{4}$ が1こ分　　$\frac{1}{4}$ が2こ分

あわせると、$\frac{1}{4}$ が

$(1+2)$ こ分だから、

$\frac{1}{4} + \frac{2}{4} = \frac{3}{4}$　←1+2=3

$\frac{1}{4}$ をもとにすると、
分子どうしのたし算で
考えられるね。

**1** $\frac{5}{6} + \frac{1}{6}$ の計算をしましょう。

**とき方** $\frac{5}{6}$ は $\frac{1}{6}$ が5こ分、$\frac{1}{6}$ は $\frac{1}{6}$ が1こ分だから、

$\frac{5}{6} + \frac{1}{6} = $ ☐

分母と分子の数が同じとき、
1と答えるよ。

◎ **めあて** 分数のひき算ができるようにしよう。　　　　練習 **2 3** →

🐾 $\frac{3}{4} - \frac{2}{4}$ の計算のしかた

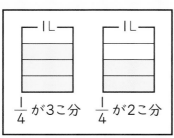

$\frac{1}{4}$ が3こ分　　$\frac{1}{4}$ が2こ分

ちがいは、$\frac{1}{4}$ が

$(3-2)$ こ分だから、

$\frac{3}{4} - \frac{2}{4} = \frac{1}{4}$　←3-2=1

たし算と同じように
ひき算も、$\frac{1}{4}$ をもとにして
考えればいいね。

**2** $1 - \frac{2}{3}$ の計算をしましょう。

**とき方** $1 = \frac{3}{3}$ だから、$\frac{3}{3} - \frac{2}{3} = $ ☐

**74**

ぴったり 2
練習

★ できた問題には、「た」を書こう！★
でき 1　でき 2　でき 3

学習日　　月　　日

教科書　下 44〜46 ページ　答え　28 ページ

**1** 計算をしましょう。

教科書　44 ページ **6**、45 ページ **7**

① $\dfrac{1}{3} + \dfrac{1}{3}$

② $\dfrac{4}{9} + \dfrac{2}{9}$

③ $\dfrac{2}{8} + \dfrac{5}{8}$

④ $\dfrac{3}{6} + \dfrac{2}{6}$

⑤ $\dfrac{4}{7} + \dfrac{3}{7}$

⑥ $\dfrac{5}{10} + \dfrac{5}{10}$

**2** 計算をしましょう。

教科書　46 ページ **8**・**9**

① $\dfrac{5}{7} - \dfrac{1}{7}$

② $\dfrac{4}{5} - \dfrac{2}{5}$

③ $\dfrac{9}{10} - \dfrac{3}{10}$

④ $\dfrac{7}{9} - \dfrac{6}{9}$

⑤ $1 = \dfrac{6}{6}$、
⑥ $1 = \dfrac{8}{8}$ だね。

⑤ $1 - \dfrac{5}{6}$

⑥ $1 - \dfrac{4}{8}$

📖 よくよんで

**3** けんじさんはアップルジュースを、きのうは $\dfrac{2}{7}$ L、今日は $\dfrac{3}{7}$ L 飲みました。

教科書　44 ページ **6**、46 ページ **8**

① けんじさんは、あわせて何 L 飲んだでしょうか。

式　　　　　　　　　　　　　　　　答え（　　　　　　　）

② けんじさんが、きのうと今日で飲んだちがいは何 L でしょうか。

式　　　　　　　　　　　　　　　　答え（　　　　　　　）

ヒント　**3** $\dfrac{1}{7}$ をもとにして、分子どうしのたし算やひき算で考えます。

⑫ 分数

教科書 下36〜49ページ　答え 29ページ

知識・技能 ／88点

**1** 色をぬったところの長さは、それぞれ何mでしょうか。　1つ4点（12点）

① 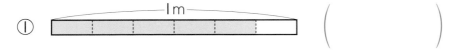 （　　　　　）

②  （　　　　　）

③

（　　　　　）

**2** □ にあてはまる数を書きましょう。　□1つ4点（12点）

(1)

(2) $\dfrac{2}{7}$ は1より $\dfrac{□}{7}$ 小さい数です。

**3** よく出る □ にあてはまる数を書きましょう。　1つ4点（16点）

① $\dfrac{1}{6}$ を3こあつめた数は □ です。

② $\dfrac{9}{10}$ は $\dfrac{1}{10}$ を □ こあつめた数です。

③ □ は $\dfrac{1}{7}$ を6こあつめた数です。

④ $\dfrac{1}{5}$ を □ こあつめると1になります。

**4** 数の大小をくらべて、□に等号か不等号を書きましょう。 1つ4点（16点）

① $\dfrac{2}{5}$ □ $\dfrac{3}{5}$

② $\dfrac{9}{10}$ □ $\dfrac{8}{10}$

③ $1$ □ $\dfrac{7}{7}$

④ $\dfrac{1}{4}$ □ $0$

**5** よく出る 計算をしましょう。 1つ4点（32点）

① $\dfrac{2}{5}+\dfrac{2}{5}$

② $\dfrac{5}{9}+\dfrac{3}{9}$

③ $\dfrac{3}{10}+\dfrac{3}{10}$

④ $\dfrac{6}{8}+\dfrac{2}{8}$

⑤ $\dfrac{8}{9}-\dfrac{2}{9}$

⑥ $\dfrac{5}{6}-\dfrac{3}{6}$

⑦ $1-\dfrac{1}{2}$

⑧ $1-\dfrac{2}{7}$

思考・判断・表現 ／12点

できたらスゴイ！

**6** みなとさんは、$\dfrac{6}{10}$ L の水と $\dfrac{2}{10}$ L の水をポットに入れました。

このポットから $\dfrac{3}{10}$ L の水を使うと、のこりは何 L になるでしょうか。

式・答え 1つ6点（12点）

式

答え（　　　　　　　）

ふろくの「計算せんもんドリル」33 もやってみよう！

13 三角形

## いろいろな三角形
## 二等辺三角形、正三角形のかき方　三角形づくり

教科書　下 50〜57 ページ　　答え　30 ページ

✏️ 次の ⬜ にあてはまる記号や数、言葉を書きましょう。

🎯 **めあて** いろいろな三角形のちがいがわかるようにしよう。

練習 ❶ ❸ →

🐾 **二等辺三角形**

２つの辺の長さが等しい三角形を、**二等辺三角形**といいます。

🐾 **正三角形**

３つの辺の長さが等しい三角形を、**正三角形**といいます。

**1** 右の図で、二等辺三角形、正三角形を見つけましょう。

**とき方** 二等辺三角形は、２つの辺の長さが等しい

三角形なので、⬜ です。

正三角形は、⬜ つの辺の長さが等しい

三角形なので、⬜ です。

コンパスで、辺の長さをくらべてみよう。

🎯 **めあて** 二等辺三角形のかき方をおぼえよう。

練習 ❷ →

🐾 **二等辺三角形のかき方** （３つの辺の長さ…２cm、３cm、３cm）

ア —2cm— イ
２cm の辺をかく。

➡️
3cm
ア———イ
コンパスを使って、２cm の辺の両はしの点から３cm のところを見つける。

3cm
ア———イ
➡️
ウ
ア△イ
コンパスの線が交わったところが、二等辺三角形の頂点になる。

**2** １つの辺の長さがアイと同じ長さの正三角形をかきましょう。

**とき方** アイの長さと ⬜ 長さの辺を、

二等辺三角形のかき方と同じようにして

かきます。

ア————イ

教科書　下 50〜57 ページ　➡答え　30 ページ

**❶** 下の図で、二等辺三角形、正三角形を見つけましょう。　教科書 53 ページ ①

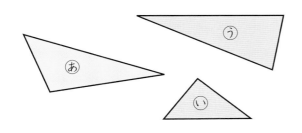
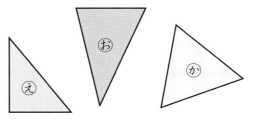

二等辺三角形 （　　　　　　　）　　　正三角形 （　　　　　　　）

**❷** 次の三角形をかきましょう。　教科書 55 ページ ❸、56 ページ ❹

①　３つの辺の長さが４cm、４cm、５cm の二等辺三角形

②　１つの辺の長さが３cm の正三角形

**❸** 右のように、おり紙を２つにおって、アイの線で切って三角形を作ります。

開くと、どんな三角形になるでしょうか。

教科書 57 ページ

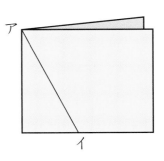

（　　　　　　　　　　）

😊 ヒント　❶ 辺の長さをくらべるには、コンパスを使いましょう。
コンパスの開き方が同じときは、辺の長さも同じです。

**⑬ 三角形**

# 角

教科書 下 58〜60 ページ　　答え 30 ページ

✏ 次の◯◯にあてはまる言葉や記号、数を書きましょう。

🎯 **めあて** 角の大きさを知ろう。　　　　練習 ① ② →

🐾 **角**

１つの頂点から出ている２つの辺が作る形を、
**角**といいます。

角の大きさは、辺の開きぐあいで決まります。
辺の長さとは関係ありません。

**1** 右の図の圖と圖の角では、どちらが大きいでしょうか。

**とき方** 大きい角は、◯◯◯◯◯の開き方が大きい
ほうなので、◯◯◯◯◯の角です。

角の大きさは、辺の長さとは関係ないよ。

🎯 **めあて** 二等辺三角形、正三角形の角の大きさを調べよう。　　　　練習 ③ →

🐾 **二等辺三角形、正三角形の角**

二等辺三角形の２つの角の大きさは、
等しくなっています。

正三角形の３つの角の大きさは、すべて等しく
なっています。

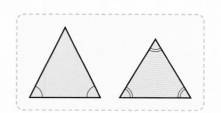

**2** 右の三角形で、圖と圖の角の大きさは等しくなって
います。

この三角形は何という三角形でしょうか。

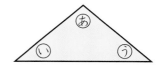

**とき方** ２つの角の大きさが等しい三角形だから、◯◯◯◯◯◯◯です。

**3** 右の三角形は正三角形です。

圖と等しい大きさの角はどれでしょうか。

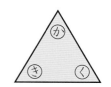

**とき方** 正三角形は◯◯◯つの角の大きさがすべて等しくなって
いるので、圖と等しい大きさの角は◯◯◯と◯◯◯です。

★ できた問題には、「た」を書こう！★

でき ① でき ② でき ③

📖 教科書 下 58〜60 ページ ➡ 答え 31 ページ

🔍 よくみて

**1** 三角定規の角の大きさをくらべましょう。

教科書 58 ページ 6

① ⓐの角とⓚの角ではどちらが大きいでしょうか。

（　　　　　　　）

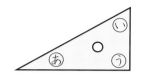

② ⓚの角と等しい大きさの角はどれでしょうか。

（　　　　　　　）

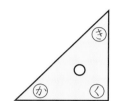

③ ⓤの角と等しい大きさの角はどれでしょうか。

（　　　　　　　）

**2** 角が大きいじゅんに記号を書きましょう。

教科書 59 ページ ③

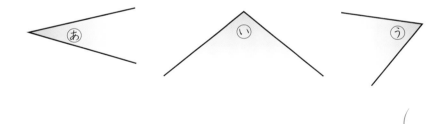

（　　　　　　　）

**3** 右の三角形を見て答えましょう。

教科書 60 ページ 7

① 3つの角の大きさがすべて等しい三角形は、ⓐ、ⓘのどちらで、それは何という三角形でしょうか。

（　　　　　　　）

② 1つの角だけ大きさがちがう三角形は、ⓐ、ⓘのどちらで、それは何という三角形でしょうか。

（　　　　　　　）

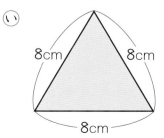

💡 ヒント　② 角の大きさは、辺の長さとは関係がないので、辺の開きぐあいだけ
でくらべます。

知識・技能　　　　　　　　　　　　　　　　　　　　　　　　／80点

**1** よく出る 下の図で、二等辺三角形、正三角形を見つけましょう。（ ）1つ5点（10点）

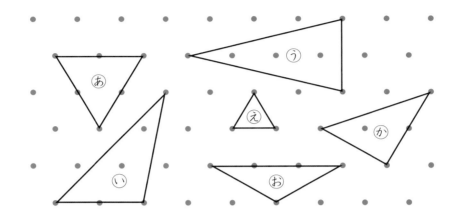

二等辺三角形 （　　　　　　　　）

正三角形 （　　　　　　　　）

**2** ⓐ、ⓘの辺の長さは何 cm でしょうか。　　　　　　　　1つ5点（10点）

①　正三角形

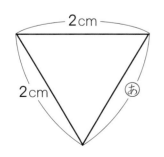

②　二等辺三角形

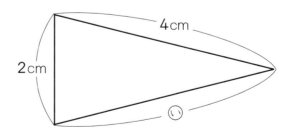

（　　　　　　）　　　　　　　　（　　　　　　）

**3** よく出る　次の三角形をかきましょう。
また、かいた三角形は何という三角形でしょうか。

① 3つの辺の長さが4cm、4cm、4cmの三角形

② 3つの辺の長さが3cm、5cm、5cmの三角形

(　　　　　　　　)　　　(　　　　　　　　)

**4** 右の図は、三角定規を2まいならべて作った三角形です。

（　）1つ10点(40点)

① ○いの角と等しい大きさの角はどれでしょうか。

(　　　　　　　　)

② ○さの角の2つ分の大きさの角はどれでしょうか。

(　　　　　　　　)

③ (1)、(2)の三角形は何という三角形でしょうか。

(1) (　　　　　　　　)

(2) (　　　　　　　　)

(1)

(2)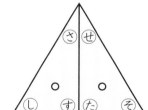

---

思考・判断・表現　　　　　　　／20点

できたらスゴイ!

**5** ひもを使って、まわりの長さが36cmの三角形を作ります。

1つ10点(20点)

① 正三角形を作ると、1つの辺の長さは何cmになるでしょうか。

(　　　　　　　　)

② 右のように、1つの辺の長さを10cmにして二等辺三角形を作ると、のこりの2つの辺の長さはそれぞれ何cmになるでしょうか。

(　　　　　　　　)

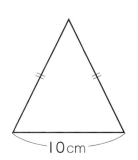
10cm

ふりかえり　**1**がわからないときは、78ページの**1**にもどってかくにんしてみよう。

## ⑭ □を使った式と図

教科書　下64〜70ページ　　答え　32ページ

✎ 次の　　にあてはまる数を書きましょう。

🎯ねらい　□を使った式で表し、□にあてはまる数をもとめられるようにしよう。　練習 ❶❷❸❹→

### 🐾 □を使った式

わからない数があるとき、□を使うとお話のとおりに式に表すことができます。

### 🐾 たし算とひき算の関係

たし算とひき算には、下のような関係があります。

```
        ┌── 4を たす ──┐
    7                    11
        └── 4を ひく ──┘
```

### 🐾 かけ算とわり算の関係

かけ算とわり算には、下のような関係があります。

```
        ┌── 4を かける ──┐
    5                      20
        └── 4で わる ──┘
```

**1**　ゆうこさんは、おはじきを 11 こ持っていました。何こかもらったので、おはじきは 21 こになりました。

もらったおはじきは何こでしょうか。

**とき方**　持っていた数 ＋ もらった数 ＝ 全部の数

式に表すと ①　　　＋□＝②　　　

□をもとめると、

21－11＝③　　　

答え ④　　　 こ

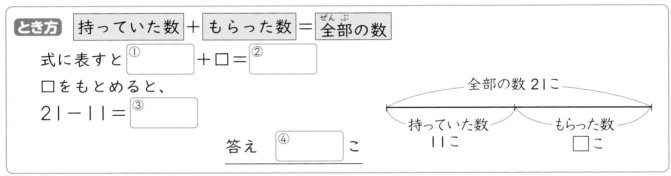

全部の数 21 こ

持っていた数 11 こ　　もらった数 □ こ

**2**　クッキーを、8人で同じ数ずつ分けたら、1人分は7こになりました。

クッキーは何こあったでしょうか。

**とき方**　全部の数 ÷ 人数 ＝ 1人分の数

式に表すと、□÷①　　　＝②　　　

□をもとめると、

7×8＝③　　　

答え ④　　　 こ

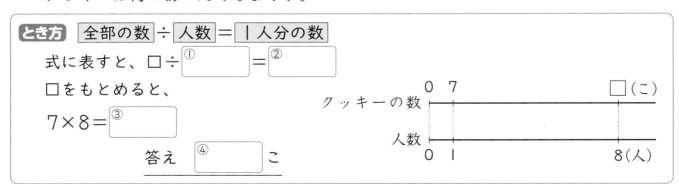

クッキーの数　0　7　　　　　　□（こ）

人数　0　1　　　　　　8（人）

ぴったり2
# 練習

★ できた問題には、「た」を書こう！★
 でき ①  でき ②  でき ③ でき ④

学習日　　　月　　　日

教科書　下64～70ページ　　答え　32ページ

**1** ひゅうがさんは、あめを7こ持っていました。何こかもらったので、あめは15こになりました。

　　ひゅうがさんがもらったあめは何こでしょうか。

　　□を使った式に表して、答えをもとめましょう。

教科書 67ページ 2

式

答え（　　　　　　　　）

**2** □にあてはまる数をもとめましょう。

教科書 67ページ ②

① □＋15＝52　　　　② 79＋□＝90

（　　　　　）　　　　（　　　　　）

③ □−8＝19　　　　④ □−44＝6

（　　　　　）　　　　（　　　　　）

たし算とひき算の
関係を
思い出そう。

**3** クッキーが同じ数ずつ入った箱が4箱ありました。

　　クッキーの数は全部で84こでした。

　　1箱のクッキーの数は何こでしょうか。

　　□を使った式に表して、答えをもとめましょう。

教科書 68ページ 3

式

答え（　　　　　　　　）

**4** □にあてはまる数をもとめましょう。

教科書 70ページ ④

① □×7＝42　　　　② 9×□＝81

（　　　　　）　　　　（　　　　　）

③ □÷8＝8　　　　④ □÷6＝9

（　　　　　）　　　　（　　　　　）

かけ算と
わり算の
関係を
思い出そう。

ヒント　❸ 1箱のクッキーの数×箱の数＝全部の数をもとに、□を使った式に表します。

# ⑭ □を使った式と図

**知識・技能**　　　　　　　　　　　　　　　　　　　　　　　　　　／68点

**1** □にあてはまる式や数を書きましょう。　　　　　□ 1つ3点(24点)

① □＋8＝15 の□は、

あ [　　　　　　　　] の式でもとめられます。

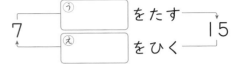

7 〔う □ をたす 15 / え □ をひく〕

□−8＝7 の□は、

い [　　　　　　　　] の式でもとめられます。

② □×3＝18 の□は、

あ [　　　　　　　　] の式でもとめられます。

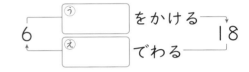

6 〔う □ をかける 18 / え □ でわる〕

□÷3＝6 の□は、

い [　　　　　　　　] の式でもとめられます。

**2** □にあてはまる数をもとめましょう。　　　　　　1つ3点(24点)

① □＋25＝67　　　　　　　　② 48＋□＝64

（　　　　　　）　　　　　　　　　　（　　　　　　）

③ □−16＝29　　　　　　　　④ □−59＝12

（　　　　　　）　　　　　　　　　　（　　　　　　）

⑤ □×4＝24　　　　　　　　⑥ 7×□＝28

（　　　　　　）　　　　　　　　　　（　　　　　　）

⑦ □÷7＝3　　　　　　　　　⑧ □÷2＝5

（　　　　　　）　　　　　　　　　　（　　　　　　）

**3** よく出る みんなでいちごを 23 こ食べたので、のこりは 26 こになりました。
いちごは何こあったでしょうか。　　　　　　　　　　　　　　　　1つ5点(10点)

①　もとのいちごの数を□ことして、式に表しましょう。

（　　　　　　　　　）

②　□にあてはまる数をもとめましょう。

（　　　　　　　　　）

**4** よく出る えん筆を何人かに6本ずつ配ったら、24本使いました。
何人に配ったでしょうか。　　　　　　　　　　　　　　　　1つ5点(10点)

①　人数を□人として、式に表しましょう。

（　　　　　　　　　）

②　□にあてはまる数をもとめましょう。

（　　　　　　　　　）

---

思考・判断・表現　　　　　　　　　　　　　　　　　　　／32点

できたらスゴイ!

**5** 次の①から④を□を使った式に表すと、それぞれ下のⓐからⓔのどの式になるでしょうか。
また、それぞれ□にあてはまる数をもとめましょう。　　　（　）1つ4点(32点)

①　シールが□まいあります。
　　3人で同じ数ずつ分けたら、1人分は12まいになりました。

（　　　　）、（　　　　）

②　シールが□まいあります。
　　3まいあげたので、12まいになりました。

（　　　　）、（　　　　）

③　シールを3人で□まいずつ集めたら、12まいになりました。

（　　　　）、（　　　　）

④　シールが□まいあります。
　　3まいもらったので、12まいになりました。

（　　　　）、（　　　　）

ⓐ　□＋3＝12　　ⓘ　□－3＝12　　ⓤ　□×3＝12　　ⓔ　□÷3＝12

ふりかえり **1**①がわからないときは、84ページの **1** にもどってかくにんしてみよう。

15 小数
# 小数の表し方

教科書　下74～81ページ　答え　33ページ

✏ 次の ☐ にあてはまる数を書きましょう。

🎯めあて　小数の表し方がわかるようにしよう。　　練習 ① ② ③ →

🐾 小数の表し方

1Lの $\frac{1}{10}$ を 0.1L と書き、**れい点一リットル**とよみます。

1Lと 0.1L をあわせたかさを 1.1L と書き、

**一点一リットル**とよみます。

$0.1L = \frac{1}{10}L$

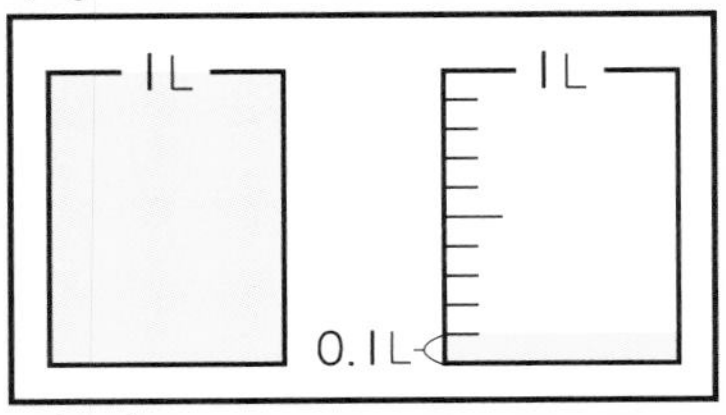

🐾 小数

0.2や 3.2 のような数を**小数**といい、「.」を**小数点**といいます。

0、1、2、3や 20、89、248 のような数を**整数**といいます。

**1** 右の図の水のかさは何L で
しょうか。

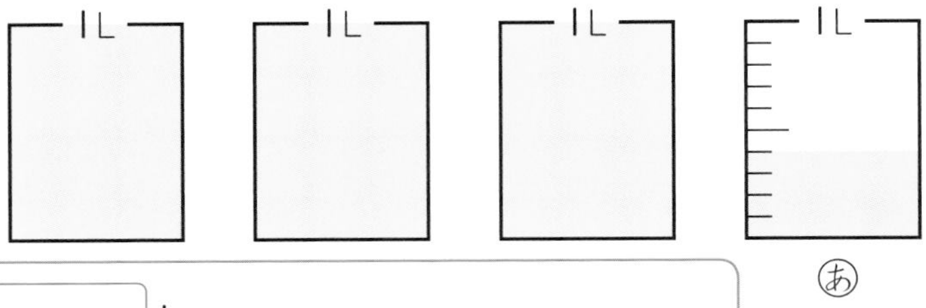

とき方　1L が3こ分で ☐ L。

　あの水のかさは、0.1L の4こ分で ☐ L。

　3L と 0.4L をあわせたかさなので、☐ L となります。

あ

🎯めあて　小数のしくみがわかるようにしよう。　　練習 ④ ⑤ →

🐾 小数のしくみ

小数点のすぐ右の位を $\frac{1}{10}$ の位、
または**小数第一位**といいます。

```
 1  が3こで 3
0.1 が2こで 0.2
―――――――――
         3.2
```

| 一の位 | $\frac{1}{10}$ の位 (小数第一位) |
|---|---|
| ●●● | ●● |
| 3 | 2 |

← 小数点

**2** 4.3 は、1 を何こと、0.1 を何こあわせた数でしょうか。
また、0.1 を何こあつめた数でしょうか。

とき方　4.3 は、4 と 0.3 をあわせた数なので、1 を ① ☐ こ、0.1 を ② ☐
こあわせた数となります。

　0.1 の 10倍が 1 なので、4 は 0.1 を ③ ☐ こあつめた数です。

　だから、4.3 は、0.1 を ④ ☐ こあつめた数となります。

ぴったり2
練習

★できた問題には、「た」を書こう！★
でき ① でき ② でき ③ でき ④ でき ⑤

学習日　月　日

教科書 下74〜81ページ　答え 33ページ

**1** 次のかさになるように色をぬりましょう。　教科書 75ページ ②

① 0.2 L

② 1.5 L

**2** 下のものさしの左はしから、①、②、③のめもりまでの長さは、それぞれ何cmでしょうか。　教科書 78ページ ①

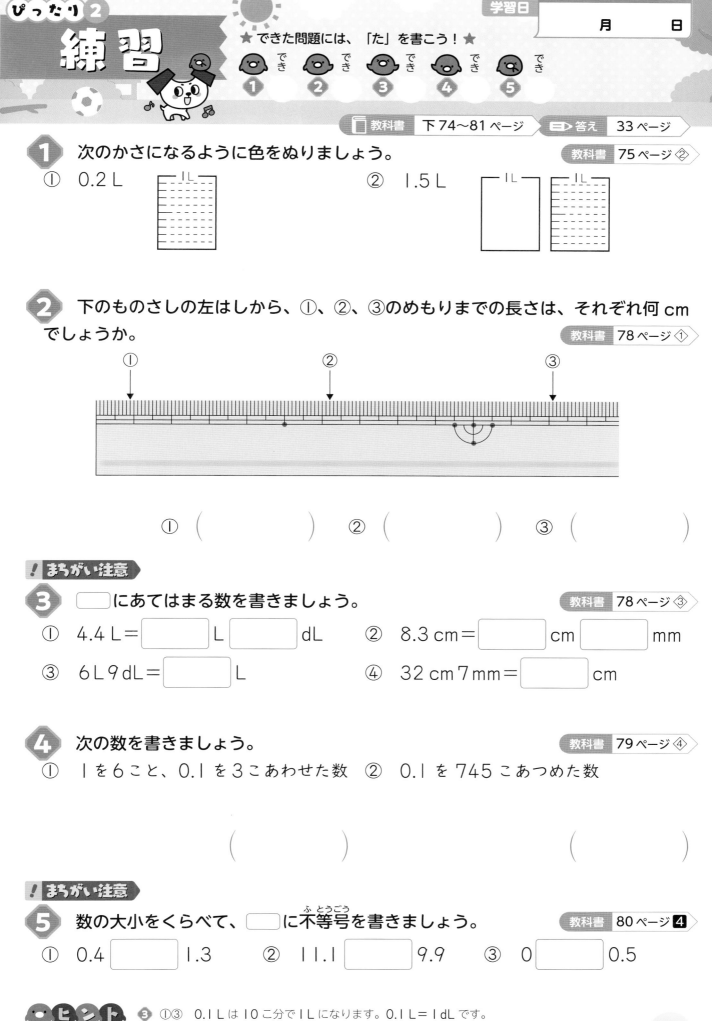

① (　　　　)　② (　　　　)　③ (　　　　)

**!まちがい注意**

**3** ◯にあてはまる数を書きましょう。　教科書 78ページ ③

① 4.4 L=◯ L ◯ dL　② 8.3 cm=◯ cm ◯ mm

③ 6L9dL=◯ L　④ 32cm7mm=◯ cm

**4** 次の数を書きましょう。　教科書 79ページ ④

① 1を6こと、0.1を3こあわせた数　② 0.1を745こあつめた数

(　　　　)　(　　　　)

**!まちがい注意**

**5** 数の大小をくらべて、◯に不等号(ふとうごう)を書きましょう。　教科書 80ページ ❹

① 0.4 ◯ 1.3　② 11.1 ◯ 9.9　③ 0 ◯ 0.5

ヒント　③ ①③ 0.1Lは10こ分で1Lになります。0.1L=1dLです。

# 小数のたし算、ひき算

教科書 下 82〜87 ページ ▶ 答え 34 ページ

 次の ☐ にあてはまる数を書きましょう。

◎めあて　小数のたし算が筆算でできるようにしよう。　練習 ①②➡

🐾 1.2＋1.5 の筆算のしかた

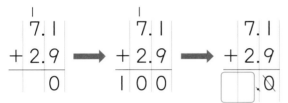

①
```
  1.2
+ 1.5
```
位をそろえて書く。

②
```
  1.2
+ 1.5
  2 7
```
整数のたし算と同じように計算する。

③
```
  1.2
+ 1.5
  2.7
```
上の小数点の位置にそろえて、答えの小数点をうつ。

**1** 7.1＋2.9 の計算をしましょう。

**とき方**

```
  7.1
+ 2.9
    0
```
→
```
  7.1
+ 2.9
1 0 0
```
→
```
  7.1
+ 2.9
 ☐.0
```

10.0 は 10 と同じ大きさだね。

◎めあて　小数のひき算が筆算でできるようにしよう。　練習 ③④➡

🐾 5.8－2.7 の筆算のしかた

①
```
  5.8
− 2.7
```
位をそろえて書く。

②
```
  5.8
− 2.7
  3 1
```
整数のひき算と同じように計算する。

③
```
  5.8
− 2.7
  3.1
```
上の小数点の位置にそろえて、答えの小数点をうつ。

**2** 13−4.6 の計算をしましょう。

**とき方**

```
  1 3.0
−   4.6
```
→
```
   2 1
  1 3.0
−   4.6
    8 4
```
→
```
  1 3
−  4.6
  ☐☐
```

13 は 13.0 と考えられるね。

教科書　下 82～87 ページ　答え　34 ページ

## 1 計算をしましょう。

教科書　82 ページ 6、83 ページ 7、85 ページ 8・9

①
```
  0.4
+ 0.3
```

②
```
  17.2
+  2.7
```

③
```
  9.5
+ 0.8
```

④
```
  0.5
+ 0.7
```

⑤
```
  2.6
+ 4.4
```

⑥
```
  5.3
+ 25
```

## 2 筆算でしましょう。

教科書　83 ページ 7、85 ページ 8・9

① 3.6＋14.6

② 59.9＋0.1

③ 228＋3.2

## 3 計算をしましょう。

教科書　86 ページ 10・11、87 ページ 12

①
```
  5.3
- 0.2
```

②
```
  16.3
-  3.8
```

③
```
  1.7
- 0.9
```

④
```
  9.5
- 1.5
```

⑤
```
  6
- 3.2
```

⑥
```
  52
-  7.6
```

## 4 筆算でしましょう。

教科書　86 ページ 11、87 ページ 12

① 3.4－0.8

② 20.4－7.7

③ 9－4.2

ヒント　❷❹ 筆算では、同じ位どうしがたてにそろうように書きます。
位がずれないように気をつけましょう。

知識・技能　　　　　　　　　　　　　　　　　　　　　　　　　/72点

**1** よく出る □ にあてはまる数を書きましょう。　　　　全部できて 1問3点(12点)

① 0.1 L を 10 こあつめたかさは □ L です。

② 4.2 cm は □ cm □ mm です。

③ 2 L 9 dL は □ L です。

④ 80 cm 5 mm は □ cm です。

**2** よく出る □ にあてはまる数を書きましょう。　　　　1つ4点(12点)

① 1 を 10 こと、0.1 を 9 こあわせた数は □ です。

② 0.1 を 67 こあつめた数は □ です。

③ 0.1 を 100 こあつめた数は □ です。

**3** 数の大小をくらべて、□ に不等号を書きましょう。　　　　1つ3点(12点)

① 10.1 □ 9.2　　　　　　② 0.1 □ 1

③ 0.8 □ $\frac{7}{10}$　　　　　　④ 1.9 □ $\frac{9}{10}$

**4** よく出る 計算をしましょう。　　　　1つ3点(18点)

① 1.2＋3.4　　　② 9.1＋0.6　　　③ 7.4＋12.5

④ 4.3－0.2　　　⑤ 0.9－0.6　　　⑥ 8.2－8.1

**5** よく出る 計算をしましょう。

1つ3点(18点)

① 5.1
＋4.9

② 6.8
＋34

③ 125
＋　9.7

④ 7.3
－2.5

⑤ 50.1
－　9.9

⑥ 36
－　6.3

---

思考・判断・表現 /28点

**6** あおいさんは、重さが 3.7 kg の野さいを 0.3 kg の重さの箱に入れました。
全体の重さは何 kg になるでしょうか。 式・答え　1つ4点(8点)

式

答え（　　　　　　　）

**できたらスゴイ！**

**7** はやとさんは、7 m の長さのひもから、3.8 m と 1.7 m のひもを切り取りました。

式・答え　1つ5点(20点)

① 切り取った長さは、あわせて何 m でしょうか。

式

答え（　　　　　　　）

② のこりの長さは何 m でしょうか。

式

答え（　　　　　　　）

ふろくの「計算せんもんドリル」30〜32 もやってみよう！

**ふりかえり** ❶①がわからないときは、88 ページの❶にもどってかくにんしてみよう。

# 何十をかける計算

次の ◯ にあてはまる数を書きましょう。

**めあて** 1けた×何十の計算ができるようにしよう。　練習 ❶ ❸➡

🐾 **3×50 の計算のしかた**

3×50 の答えは、3×5 の答えを 10 倍した数だから、
15 の右はしに 0 を 1 つつけた数になります。

3×50＝(3×5)×10

$$3×5 ＝15$$
10倍↓　　　　↓10倍
$$3×50＝150$$

**1** 計算をしましょう。

(1) 2×40　　　　　　　　　　(2) 5×80

**とき方** (1) 2×40 の答えは、2×4 の答えを 10 倍した数です。

2×4＝ ◯ ➡ 2×40＝ ◯

(2) 5×80 の答えは、5×8 の答えを 10 倍した数です。

5×8＝ ◯ ➡ 5×80＝ ◯

**めあて** 2けた×何十の計算ができるようにしよう。　練習 ❷ ❹➡

🐾 **14×20 の計算のしかた**

14×20 の答えは、14×2 の答えを 10 倍した数
だから、28 の右はしに 0 を 1 つつけた数になります。

14×20＝(14×2)×10

$$14×2 ＝28$$
10倍↓　　　　↓10倍
$$14×20＝280$$

**2** 計算をしましょう。

(1) 21×30　　　　　　　　　　(2) 15×50

**とき方** (1) 21×30 の答えは、21×3 の答えを 10 倍した数だから、計算をして、
その右はしに 0 を 1 つつけます。

21×3＝ ◯ ➡ 21×30＝ ◯

10 倍すると、0 が
1 つついた数になる
からわかりやすいね。

(2) 15×50 の答えは、15×5 の答えを 10 倍した数だか
ら、計算をして、その右はしに 0 を 1 つつけます。

15×5＝ ◯ ➡ 15×50＝ ◯

ぴったり2
# 練習

★できた問題には、「た」を書こう！★
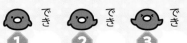
① でき　② でき　③ でき　④ でき

教科書 下92～95ページ　答え 36ページ

**1** 計算をしましょう。

教科書 93ページ **1**

① 3×30　　　② 2×60　　　③ 7×40

④ 9×50　　　⑤ 5×20　　　⑥ 6×90

**2** 計算をしましょう。

教科書 95ページ **2**

① 12×20　　② 32×30　　③ 16×20

④ 27×20　　⑤ 23×40　　⑥ 30×30

**3** 8このあめが入っている箱が30箱あります。
あめは、全部で何こあるでしょうか。

教科書 93ページ **1**

何このいくつ分の計算だね。

式

答え（　　　　　　）

**4** 14このチョコレートが入っている箱が40箱あります。
チョコレートは、全部で何こあるでしょうか。

教科書 95ページ **2**

式

答え（　　　　　　）

ヒント
**1 2**「×何十」は、「×何×10」と考えて計算します。
**3** 答えをもとめるときは、8×3の10倍と考えます。

# 2けた×2けたの計算

教科書　下95〜97ページ　　答え　36ページ

✏ 次の◯にあてはまる数を書きましょう。

◎めあて　2けた×2けたの計算ができるようにしよう。　練習 1 2 →

 24×12の筆算のしかた

①
```
  24
× 12
  48
```
24×2

②
```
  24
× 12
  48
 24
```
24×1

③
```
  24
× 12
  48
 24
 288
```
たし算をする。

```
  24
× 12
  48 …24×2
+240◯ …24×10
 288
```

**1** 39×21を筆算でしましょう。

とき方
```
  39
× 21
  39
```
→
```
  39
× 21
  39
 □
```
→
```
  39
× 21
  39
 78
 □□□
```

九九とたし算で
答えがもとめられるね。

◎めあて　とちゅうの計算が3けたになるかけ算ができるようにしよう。　練習 3 4 →

🐾 79×54の筆算のしかた

①
```
  79
× 54
 316
```
79×4

②
```
  79
× 54
 316
395
```
79×5

③
```
  79
× 54
 316
395
4266
```
たし算をする。

```
  79
× 54
 316 …79×4
+3950◯ …79×50
4266
```

**2** 32×43を筆算でしましょう。

とき方
```
  32
× 43
  96
```
→
```
  32
× 43
  96
 □
```
→
```
  32
× 43
  96
 128
 □□□□
```

位がずれないように
気をつけよう。

ぴったり2
練習

★ できた問題には、「た」を書こう！★
でき ① でき ② でき ③ でき ④
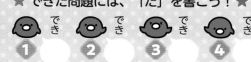

学習日
月　　　日

教科書　下 95〜97 ページ　答え　36 ページ

**1** 筆算でしましょう。　　　　　　　　　　　　　　教科書 95 ページ **3**

① 43×21　　　　② 13×76　　　　③ 28×32

**2** 計算をしましょう。　　　　　　　　　　　　　　教科書 95 ページ **3**

① 　27
　×13

② 　18
　×53

③ 　36
　×12

**! まちがい注意**

**3** 筆算でしましょう。　　　　　　　　　　　　　　教科書 97 ページ **4**

① 63×47　　　　② 35×78　　　　③ 84×32

**4** 計算をしましょう。　　　　　　　　　　　　　　教科書 97 ページ ⑥

① 　73
　×69

② 　18
　×46

③ 　37
　×82

ヒント　❶❸ 位がずれないように、たてにそろえて書きましょう。

ぴったり1
じゅんび

16 2けたの数のかけ算

計算のくふう
3けた×2けたの計算

学習日　月　日

教科書　下98〜100ページ　答え　37ページ

次の□にあてはまる数を書きましょう。

**めあて** 計算のくふうができるようにしよう。　練習 ①→

🐾 **39×20 の筆算のしかた**

39×20 の筆算は、とちゅうの計算をはぶくことができます。

```
  39          39
 ×20    →   ×20
 000        780
 78
 780
```
ここをはぶくことができる。
この0をわすれないようにする。

🐾 **60×24 の筆算のしかた**

かけられる数とかける数を入れかえても答えは同じだから、24×60 の筆算をしても答えは同じになります。

```
   60         24
  ×24   →   ×60
  240       1440
  120
  1440
```

**1** 90×37 をくふうして筆算をしましょう。

**とき方** かけられる数とかける数を入れかえて筆算をします。

```
  37
 ×90
```

90の0の計算をはぶくことができるね。

**めあて** 3けた×2けたの計算ができるようにしよう。　練習 ②③→

🐾 **243×13 の筆算のしかた**

① 
```
  243
 × 13
  729
```
243×3

② 
```
  243
 × 13
  729
  243
```
243×1

③ 
```
  243
 × 13
  729
  243
 3159
```
たし算をする。

```
  243
 × 13
  729 …243×3
 2430 …243×10
 3159
```

**2** 203×27 の計算をしましょう。

**とき方**

```
  203          203          203
 × 27    →   × 27    →   × 27
 1421        1421        1421
                          406
```

0をかきわすれないようにしよう。

```
  203
 × 27
 1421
   46
 1881
```

## 1 くふうして計算しましょう。

教科書 98ページ 5・6

① 49×20

② 40×56

③ 5×46

④ 11×8×5

## 2 筆算でしましょう。

教科書 99ページ 7

① 214×44

② 139×36

③ 154×56

## !まちがい注意

## 3 計算をしましょう。

教科書 100ページ 8・9

①
```
   234
×   49
```

②
```
   167
×   73
```

③
```
   376
×   25
```

④
```
   803
×   52
```

⑤
```
   209
×   57
```

⑥
```
   700
×   84
```

●ヒント　1 ② かけられる数とかける数を入れかえます。
　　　　 3 ④〜⑥ かけられる数の0に気をつけて計算しましょう。

99

# ⑯ 2けたの数のかけ算

教科書 下92〜103ページ ▶ 答え 38ページ

---

知識・技能 ／80点

**❶** □にあてはまる数を書きましょう。 1つ2点(6点)

23×30 の答えは、23×3 の答えを □ 倍した数です。

23×30＝(23×3)× □

23×30＝ □

**❷** 次の筆算のまちがいを見つけて、正しく計算しましょう。 1つ4点(8点)

```
①     42
     ×32
       84
      126
      210
```

```
②    302
    ×  80
    2416
```

**❸** 計算をしましょう。 1つ3点(9点)

① 4×80　　　　② 34×20　　　　③ 12×60

**❹** よく出る 計算をしましょう。 1つ4点(24点)

```
①    12
    ×32
```

```
②    26
    ×13
```

```
③    14
    ×57
```

```
④    83
    ×69
```

```
⑤    95
    ×24
```

```
⑥    32
    ×82
```

**5** くふうして計算しましょう。　　　　　　　　　　　　　1つ3点(9点)

① 39×40　　　　② 50×62　　　　③ 7×83

**6** ♪く出る 計算をしましょう。　　　　　　　　　　　　1つ4点(24点)

① 　123
　×　23

② 　315
　×　22

③ 　196
　×　75

④ 　502
　×　38

⑤ 　804
　×　49

⑥ 　500
　×　85

---

思考・判断・表現　　　　　　　　　　　　　　　　　／20点

**できたらスゴイ!**

**7** 1こ 180円のシュークリームを 26こ 買います。
5000円をはらうと、おつりは何円になるでしょうか。
　　　　　　　　　　　　　　　　　　　　　式・答え　1つ5点(10点)

式

答え（　　　　　　　）

**8** 学んだことを使おう ともかさんは、ビルの外にある
階だんが屋上までつづいている様子を見て、かけ算を使っ
てビルの高さがもとめられそうだと考えました。

次の⑥から⑥のうち、どれとどれを調べれば、ビルの高
さをもとめることができるでしょうか。　　1つ5点(10点)

板のはば
1だん分の高さ

⑥　階数　5階だて
⑥　1だん分の高さ　12cm
⑥　屋上までのだん数　125だん
⑥　階だんの板のはば　25cm

（　　　）、（　　　）

ふりかえり ①がわからないときは、94ページの②にもどってかくにんしよう。

ふろくの「計算せんもんドリル」34〜40もやってみよう!

教科書　下105〜108ページ　答え　39ページ

✏️ 次の ▢ にあてはまる数を書きましょう。

🎯 めあて　倍の計算ができるようにしよう。

練習 ❶ ❷ ❸ →

### 倍の計算

　ⓤのリボンの長さは4cmです。

　ⓘのリボンの長さは、ⓤのリボンの長さの2倍です。

　ⓘのリボンの長さは、4cmの2つ分なので、4×2のかけ算の式でもとめられます。

　また、何倍かをもとめるときは、わり算を使うことができます。

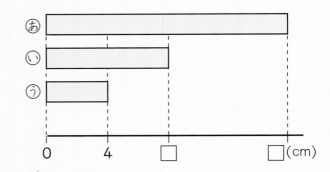

0　　4　　▢　　▢ (cm)

**1** 上の図で、ⓐのリボンの長さは、ⓘのリボンの長さの2倍です。
ⓐのリボンの長さは何cmでしょうか。

**とき方**

　ⓘのリボンの長さは、4×2＝▢① (cm)なので、

　ⓐのリボンの長さは、

　8×▢② ＝▢③　　　　　　　　答え ▢④ cm

**2** 21cmは、3cmの何倍でしょうか。

**とき方**

式　▢ ÷3＝▢　　　答え ▢ 倍

「いくつ分」をもとめるわり算だね。

**3** 20gのⓐの箱があります。これはⓘの箱の重さの4倍でした。
ⓘの箱の重さは何gでしょうか。

**とき方**　ⓘの箱の重さを▢gとして、かけ算の式に表すと、

　▢ ＝20

　▢をもとめると、

　20÷4＝▢

　　　　答え ▢ g

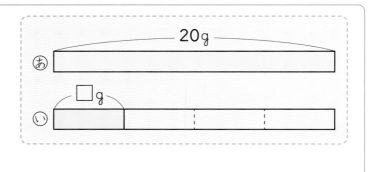

20g

ⓐ

▢g

ⓘ

教科書　下 105〜108 ページ　　答え　39 ページ

**1** 次の問題に答えましょう。　　教科書　106 ページ **1**・**2**、108 ページ **3**

① 5cm の 7倍は何 cm でしょうか。

（　　　　　　）

② 27L は、3L の何倍でしょうか。

（　　　　　　）

わからない数を□として、
図に表して考えてみよう。

③ 4倍すると 16 になる数はいくつでしょうか。

（　　　　　　）

④ 12 m は、何 m の 2倍でしょうか。

（　　　　　　）

**！まちがい注意**

**2** 　赤いリボンの長さは 28 cm で、青いリボンの長さは 7cm です。
　赤いリボンの長さは、青いリボンの長さの何倍でしょうか。　　教科書　106 ページ **2**

式

答え（　　　　　　）

**3** 　大人のあざらしの体重は 64 kg です。
　大人のあざらしの体重は、子どものあざらしの体重の 8倍です。
　子どものあざらしの体重は何 kg でしょうか。　　教科書　108 ページ **3**

式

答え（　　　　　　）

**ヒント** **3** 子どものあざらしの体重を□ kg として、かけ算の式に表してから、□をもとめよう。

思考・判断・表現

／100点

**1** ⓐのひもの長さは6cm です。

ⓘのひもの長さは、ⓐのひもの長さの2倍です。

Ⓤのひもの長さは、ⓘのひもの長さの5倍です。

1つ6点(18点)

① ⓘのひもの長さは、何 cm でしょうか。

（　　　　　　　）

② Ⓤのひもの長さは、何 cm でしょうか。

（　　　　　　　）

③ Ⓤのひもの長さは、ⓐのひもの長さの何倍でしょうか。

（　　　　　　　）

**2** ◻にあてはまる数を書きましょう。

1つ6点(30点)

① 8を4倍すると ◻ になります。

② 30 は、5を ◻ 倍した数です。

③ 56 は、7を ◻ 倍した数です。

④ 3倍すると6になる数は、◻ です。

⑤ 7倍すると 49 になる数は、◻ です。

📖 よくよんで

**3** ピンクのリボンの長さは 42cm で、緑のリボンの長さは 6cm です。

ピンクのリボンの長さは、緑のリボンの長さの何倍でしょうか。　式・答え　1つ7点(14点)

式

答え （　　　　　　）

📖 よくよんで

**4** ぬのの長さを調べたら、45cm のぼうの 8倍の長さでした。

ぬのの長さは何 m 何 cm でしょうか。　式・答え　1つ7点(14点)

式

答え （　　　　　　）

できたらスゴイ！

**5** けんとさんたちはボールゲームをしました。

右の表は、1人3回なげたときのけんとさんたちの点をまとめたものです。　1つ8点(24点)

| けんと | ？点 |
|---|---|
| みお | 8点 |
| あおい | 15点 |
| あさひ | 20点 |
| こころ | 24点 |

① あさひさんの点は、けんとさんの点の 4倍でした。けんとさんの点は、何点でしょうか。

（　　　　　　）

② あおいさんの点は、けんとさんの点の何倍でしょうか。

（　　　　　　）

③ みおさんの点の 3倍の人はだれでしょうか。

（　　　　　　）

 ふりかえり ❶ がわからないときは、102ページの **1** にもどってかくにんしてみよう。

# ぴったり① じゅんび

## そろばんの数の表し方
## そろばんの計算

教科書 下 111〜114 ページ　答え 40 ページ

✏️ 次の ⬜ にあてはまる数を書きましょう。

◎めあて　そろばんの数の表し方がわかるようにしよう。　練習 ①➡

🐾 **そろばんの数の表し方**

一だま１つは１を表し、五だま１つは５を表しています。

定位点のあるけたを一の位に決めれば、そこからじゅんに、右のようにそれぞれの位が決まります。

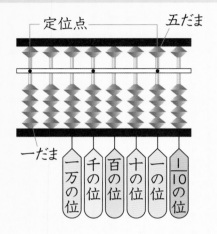

> そろばんの数の表し方は、整数や小数の表し方と同じ位のしくみだね。

**1** 右のそろばんの数をよみましょう。

とき方 一の位が ⬜ 、十の位が ⬜ 、
百の位が１を表しているので、 ⬜ です。

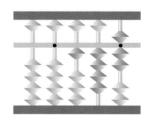

◎めあて　そろばんの計算ができるようにしよう。　練習 ②③➡

🐾 **３＋４の計算のしかた**

３を入れる。

５を入れて、入れすぎた１をとる。

🐾 **16−8の計算のしかた**

16を入れる。

10をとって、とりすぎた２を入れる。

**2** 1.2−0.9 の計算をしましょう。

とき方

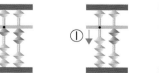  

一の位に１、
$\frac{1}{10}$ の位に
２を入れる。

⬜ をとって、

とりすぎた
⬜ を入れる。

> 小数の計算もそろばんでできるんだね。

1.2−0.9＝⬜

ぴったり 2

★ できた問題には、「た」を書こう！★
でき ① でき ② でき ③

学習日　　月　　日

教科書　下 111〜114 ページ　答え　40 ページ

**1** 次の数をよみましょう。
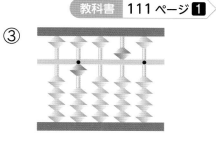
教科書 111 ページ **1**

① ② ③

(　　　　) (　　　　) (　　　　)

🔍 よくみて

**2** 次の計算をするとき、たまを動かすじゅんばんを □ に書きましょう。

教科書 113 ページ **6・7**

① 4＋8

8 を入れる。

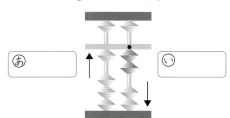

あ [　　　] い [　　　]

② 11−3

3 をとる。

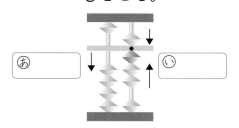

あ [　　　] い [　　　]

**3** そろばんで計算をしましょう。
教科書 112〜114 ページ **2〜11**

① 5＋7 ② 13＋26

③ 69−25 ④ 13−4

⑤ 7万＋6万 ⑥ 14万−6万

定位点を1つ
決めてから
計算しましょう。

⑦ 2.9＋0.8 ⑧ 1.2−0.5

ヒント　**3** ⑤ 一万の位に7を入れます。
1万をもとにすると7＋6 と考えて計算できます。

算数を使って考えよう

# 給食調べ／本だな

📖 教科書　下116〜119ページ　　➡答え　41ページ

**1** なつきさんの学校の3年1組、2組の人で、冬休みに読んだ本を調べました。そのけっかを、次の表にまとめました。

読んだ本調べ（さつ）

| 組＼しゅるい | 物語 | でん記 | 図かん | まんが |
|---|---|---|---|---|
| 1組 | 8 | 6 | 4 | 2 |
| 2組 | 10 | 4 | 5 | 3 |

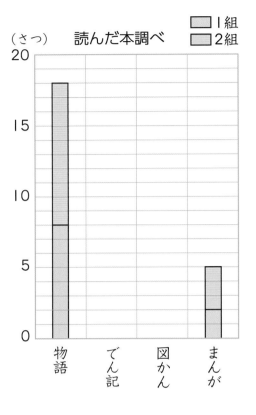

(1) 上の表は、1組と2組で読んだ本を調べたものです。これを右のぼうグラフに表しましょう。

(2) 1組と2組をあわせた人数で、物語を読んだ人の合計は図かんを読んだ人の合計より何人多いでしょうか。
　　また、何倍でしょうか。

　　　（　　　　　　　　）、（　　　　　　　　　）

(3) 下の㋐から㋣の中で、「読んだ本調べ」のぼうグラフからよみ取れることを、すべてえらびましょう。

　㋐　冬休みに本を読んだ人数は、1組より2組のほうが少ない。
　㋑　物語の本を読んだ人数がいちばん多い。
　㋒　物語の本を読んだ人数は、でん記を読んだ人数より8人多い。
　㋣　でん記と図かんを読んだ人数の合計は、物語を読んだ人数より1人少ない。

　　　　　　　　　　　　　　　（　　　　　　　　　　　　　　）

(4) (3)でえらんだことがらのうち2つの記号について、そのわけをせつ明しましょう。

　①　（　　　　）、（　　　　　　　　　　　　）

　②　（　　　　）、（　　　　　　　　　　　　）

**②** みうさんは、ベッドとドアの間に、ドアとたながぶつからないように、できるだけ大きなたなをおきたいと考えています。

この本の終わりにある「春のチャレンジテスト」をやってみよう！

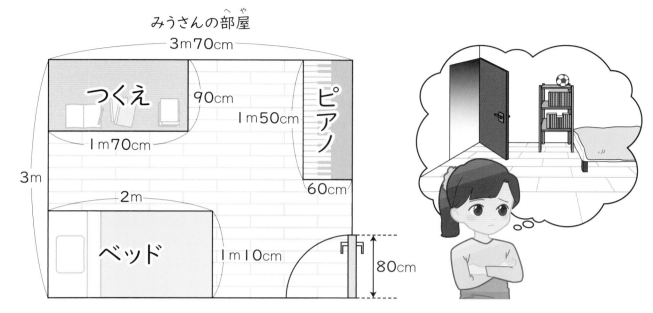

みうさんの部屋

(1) ドアを開けたときの、ベッドとドアのすき間の長さは何cmでしょうか。

式

答え（　　　　　　）

(2) あからうのうち、ベッドとドアの間におけるできるだけ大きなたなはどれでしょうか。

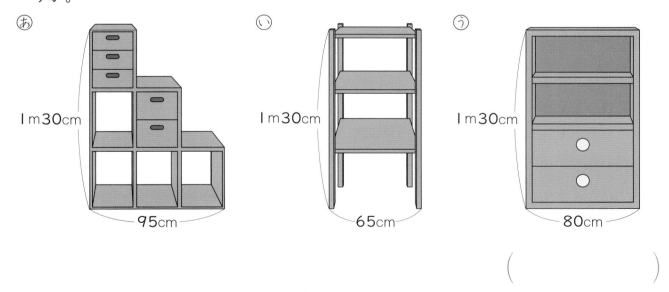

あ　1m30cm　95cm

い　1m30cm　65cm

う　1m30cm　80cm

（　　　　　　）

(3) ピアノとドアの間にもたなをおくことができそうです。おくことができる、できるだけ大きなたなはどれでしょうか。

（　　　　　　）

109

3年のまとめ

# 数と計算－(1)

学習日　　月　　日

時間 **20**分　／100

ごうかく **80** 点

教科書　下 120～121 ページ　答え　42 ページ

**1** 次の数を書きましょう。

1つ4点（12点）

① 100万を6こと、1000を2こと、10を5こあわせた数

（　　　　　　　）

② 1を7こと、0.1を9こあわせた数

（　　　　　　　）

③ $\frac{1}{8}$ を6こあつめた数

（　　　　　　　）

**2** 265000について答えましょう。

1つ4点（12点）

① この数は、26万よりどれだけ大きいでしょうか。

（　　　　　　　）

② この数を10倍した数を書きましょう。

（　　　　　　　）

③ この数を10でわった数を書きましょう。

（　　　　　　　）

**3** 数の大小をくらべて、□に等号か不等号を書きましょう。　1つ4点（12点）

① 10.1 □ 9.5

② 9 □ 3.2＋5.7

③ 1 □ $\frac{5}{6}$＋$\frac{1}{6}$

**4** □にあてはまる数を書きましょう。

1つ4点（20点）

① 4×8の答えは、4×9の答えより □ 小さい。

② 6×5＝□×6

③ 7×□＝28

④ 12×9＝（□×9）＋（2×9）

⑤ 3×6×5＝3×（□×5）

**5** 計算をしましょう。　1つ5点（30点）

①　　425
　　＋297

②　　639
　　＋782

③　3872
　＋1528

④　　584
　　－278

⑤　　613
　　－426

⑥　9291
　－8194

**6** 東町の小学生の数は3008人です。西町の小学生の数は、それより239人少ないそうです。

西町の小学生の数は何人でしょうか。

式・答え　1つ7点（14点）

式

答え（　　　　　　　）

# 数と計算 − (2)

**1** 計算をしましょう。　1つ4点(24点)

① 24÷4　　② 72÷8

③ 60÷6　　④ 25÷3

⑤ 54÷7　　⑥ 84÷9

**2** 41 このボールを 6 こずつ箱につめていきます。

ボールを全部箱につめるには、箱は何箱いるでしょうか。

式・答え　1つ6点(12点)

式

答え（　　　　　　）

**3** 計算をしましょう。　1つ5点(20点)

① 　63
　×　9

② 　407
　×　　5

③ 　24
　×20

④ 　801
　×　79

**4** 1 こ 250 円のケーキを 7 こ買います。

代金は何円になるでしょうか。

式・答え　1つ6点(12点)

式

答え（　　　　　　）

**5** 　□ にあてはまる数をもとめましょう。　1つ5点(20点)

① 68＋ □ ＝94

② □ −46＝24

③ 8× □ ＝72

④ □ ÷6＝8

**6** 35 は、7 を何倍した数でしょうか。

式・答え　1つ6点(12点)

式

答え（　　　　　　）

まとめのテスト

3年のまとめ

## 図形　はかり方
## 表とグラフ

教科書　下 122〜123 ページ　　答え　44 ページ

**1**　右のように、直径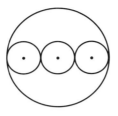
が 30 cm の円の中に、
同じ大きさの円が 3 つ
入っています。小さい
円の半径は何 cm でしょうか。　（12点）

（　　　　　　　）

**2**　公園に着いて、しばらくしてから、
午後 2 時 30 分に公園を出ました。公
園にいた時間は 55 分間です。
　公園に着いたのは何時何分でしょう
か。　　　　　　　　　　　　（12点）

（　　　　　　　）

**3**　そうたさんの家から図書館までの
道のりときょりは、下の図のとおりです。
　道のりときょりのちがいは何 m で
しょうか。　　　　　　　　　（10点）

（　　　　　　　）

**4**　①、②のめもりは、何 m 何 cm
でしょうか。　　　　　1つ10点（20点）

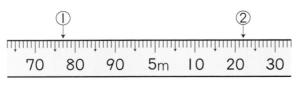

①（　　　　　）　②（　　　　　）

**5**　りんごを 150 g
のかごに入れて重さ
をはかったら、右の
ようになりました。
りんごの重さは何
g でしょうか。　（10点）

（　　　　　　　）

**6**　下の表やぼうグラフは、あいなさ
んのクラス全員の、すきなおかしにつ
いて調べたものです。

表、グラフ　1つ12点（36点）

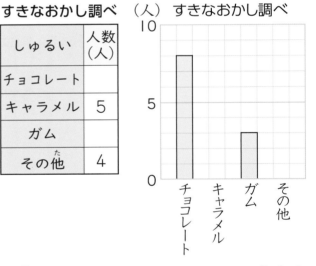

すきなおかし調べ

| しゅるい | 人数（人） |
|---|---|
| チョコレート |  |
| キャラメル | 5 |
| ガム |  |
| その他 | 4 |

①　表のあいているところに、数を書
きましょう。

②　ぼうグラフのつづきをかきましょ
う。

③　あいなさんのクラスの人数は、あ
わせて何人でしょうか。

（　　　　　　　）

# ★ 夏のチャレンジテスト

教科書 上11〜107ページ

名
前

月　　日

⏰時間
**40**分

こうかく80点
／100

答え **45**ページ ➡

---

知識・技能　　　　　　　　　　　　　／60点

## 1 □ にあてはまる数を書きましょう。
1つ2点（4点）

① 7×4 の答えは、7×3 の答えより □

大きい。

② 5×6 の答えは、6×□ の答えと同じ。

## 2 □ にあてはまる数を書きましょう。
全部できて 1問2点（6点）

① 3分＝ □ 秒

② 100秒＝ □ 分 □ 秒

③ 140秒と2分では □ のほうが長い。

## 3 ゆりあさんは、午後1時40分から午後3時5分まで図書館にいました。

図書館にいた時間は何時間何分でしょうか。 (3点)

（ 　　　　　　　）

## 4 計算をしましょう。
1つ2点（12点）

① 176＋425　　② 638＋746

③ 2874＋6316　　④ 523−278

⑤ 1195−543　　⑥ 8369−5279

---

## 5 計算をしましょう。
1つ2点（12点）

① 10÷2　　② 21÷3

③ 6÷6　　④ 0÷7

⑤ 35÷6　　⑥ 50÷8

## 6 □ にあてはまる単位を書きましょう。
1つ2点（6点）

① つくえの高さ　　70 □

② 1時間に自転車で進むきょり　9 □

③ 木のまわりの長さ　　2 □

## 7 下のまきじゃくの①、②のめもりをよみましょう。
1つ2点（4点）

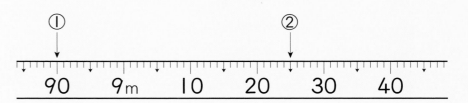

① （ 　　　　　）　② （ 　　　　　）

---

**8** □ にあてはまる数を書きましょう。

全部できて 1問2点(4点)

① 6km = ☐ m

② 5800m = ☐ km ☐ m

**9** 下の表は、ゆうきさんが4日間に読書をした時間を表しています。図は、ぼうグラフをとちゅうまでかいたものです。

1つ3点(9点)

読書をした時間

| 日にち | 8月1日 | 8月2日 | 8月3日 | 8月4日 |
|---|---|---|---|---|
| 時間(分) | 30 | 20 | 15 | 45 |

読書をした時間 (分)

① ぼうグラフの横のじくの1めもりは、何分を表しているでしょうか。
（　　　　　　　　）

② ぼうグラフのつづきをかきましょう。

③ 8月1日と8月3日では、どちらが何分多く読書をしたでしょうか。
（　　　　　　　　）

思考・判断・表現　　　　　　　　　／40点

**10** れいなさんは、1000円を持って買い物に行きました。
125円のボールペンと798円の筆箱を買うと、のこりは何円になるでしょうか。

式・答え 1つ4点(8点)

式

答え（　　　　　　　　）

**11** おり紙が36まいあります。

式・答え 1つ4点(16点)

① 4人で同じまい数ずつ分けると、1人分は何まいになるでしょうか。

式

答え（　　　　　　　　）

② 6まいずつたばにすると、何たばできるでしょうか。

式

答え（　　　　　　　　）

**12** 50mの長さのリボンを、9mずつに切ると、9mのリボンは何本できて、何mあまるでしょうか。

式・答え 1つ4点(8点)

式

答え（　　　　　　　　）

**13** りんごが52こあります。ほなみさんは1ふくろに6こずつ入れていきます。
りんごを全部ふくろに入れるには、ふくろは何まいいるでしょうか。

式・答え 1つ4点(8点)

式

答え（　　　　　　　　）

# 冬のチャレンジテスト

教科書 上112〜下63ページ

名前

月　日

⏰時間 **40**分

ごうかく80点 ／100

答え **47**ページ ➡

---

**知識・技能**　／70点

## 1 次の数を数字で書きましょう。
1つ2点（6点）

① 二千六百七十一万四百三十八

（　　　　　　　）

② 1000万を5こと、1万を9こあわせた数

（　　　　　　　）

③ 1億より1小さい数

（　　　　　　　）

## 2 計算をしましょう。
1つ3点（18点）

①　　11
　×　7

②　　42
　×　4

③　　87
　×　6

④　　26
　×　5

⑤　742
　×　2

⑥　834
　×　6

## 3 □にあてはまる数を書きましょう。
1つ2点（8点）

① $\frac{1}{7}$m の3こ分の長さは □ m です。

② $\frac{7}{10}$L は $\frac{1}{10}$L を □ こあつめたかさです。

③ $\frac{9}{5}$ は $\frac{1}{5}$ を □ こあつめた数です。

④ $\frac{1}{8}$ を □ こあつめると、1になります。

## 4 下の①から⑤の中から、二等辺三角形、正三角形を見つけましょう。
1つ2点（4点）

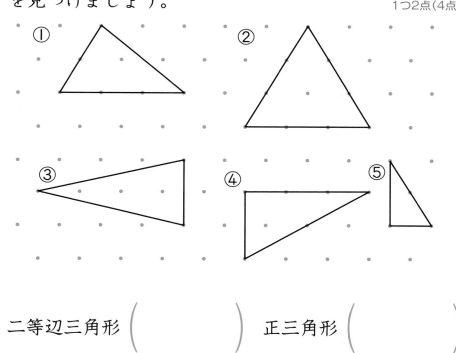

二等辺三角形（　　　　　）　正三角形（　　　　　）

## 5 数の大小をくらべて、□に等号か不等号を書きましょう。
1つ3点（6点）

① $\frac{3}{4}$ □ $\frac{5}{4}$

② $1$ □ $\frac{10}{10}$

## 6 次の数を10倍、100倍、1000倍した数、10でわった数を書きましょう。
1つ2点（16点）

① 930　10倍（　　　）　100倍（　　　）

1000倍（　　　）

10でわった数（　　　）

② 5020　10倍（　　　）　100倍（　　　）

1000倍（　　　）

10でわった数（　　　）

---

**7** 計算をしましょう。　　　1つ3点(12点)

① $\dfrac{3}{7}+\dfrac{2}{7}$　　　② $\dfrac{1}{2}+\dfrac{1}{2}$

③ $\dfrac{8}{9}-\dfrac{5}{9}$　　　④ $1-\dfrac{2}{3}$

**8** 右の図のように、箱の中に同じ大きさのボールがぴったり2こ入っています。
　ボールの直径は何cmでしょうか。

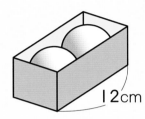

式・答え 1つ3点(6点)

式

答え （　　　　　　　）

**9** 下のように、同じ大きさの円を4つかきました。
1つ4点(8点)

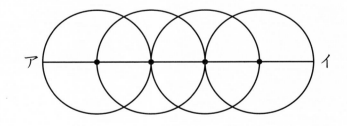

① 1つの円の直径が6cmのとき、直線アイの長さは何cmでしょうか。

（　　　　　　　）

② 直線アイの長さが50cmのとき、1つの円の直径は何cmでしょうか。

（　　　　　　　）

**10** 180gのかごに、みかんを入れて重さをはかったら、1kgありました。
　みかんの重さは何gでしょうか。　　　式・答え 1つ3点(6点)

式

答え （　　　　　　　）

**11** 1に128gのドーナツが3こあります。
　このドーナツを、45gの箱に入れると、全体の重さは何gになるでしょうか。　　　式・答え 1つ3点(6点)

式

答え （　　　　　　　）

**12** ひもを使って、まわりの長さが27cmの三角形を作ります。
1つ2点(4点)

① 正三角形を作ると、1つの辺の長さは何cmになるでしょうか。

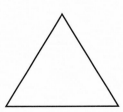

（　　　　　　　）

② 右の図のように、1つの辺の長さを7cmにして二等辺三角形を作ると、のこりの2つの辺の長さはそれぞれ何cmになるでしょうか。

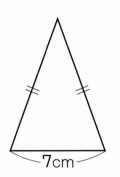

（　　　　　　　）

# 春のチャレンジテスト

教科書　下64〜109ページ

名
前

月　　　日

⏰時間　**40**分

ごうかく80点　／100

答え49ページ →

---

知識・技能　　　　　　　　　／68点

## 1 次の数を書きましょう。
1つ2点(6点)

① 1を2こと、0.1を5こあわせた数

（　　　　　　　）

② 48と0.3をあわせた数

（　　　　　　　）

③ 0.1を726こあつめた数

（　　　　　　　）

## 2 数の大小をくらべて、□に不等号を書きましょう。
1つ2点(6点)

① 0.2 □ 1.2

② 10.1 □ 8.9

③ 0 □ 0.9

## 3 計算をしましょう。
1つ2点(12点)

① 1.5＋14.2　　② 26.9＋8.8

③ 7.1＋43　　④ 2.5−0.4

⑤ 30.2−1.3　　⑥ 43−8.6

---

## 4 □にあてはまる数を書きましょう。
全部できて 1問2点(8点)

① 5.6L＝□L □dL

② 9.1cm＝□cm □mm

③ 2L8dL＝□L

④ 47cm3mm＝□cm

## 5 □にあてはまる数を書きましょう。
1つ2点(4点)

① 6×20の答えは、6×2の答えを □ 倍した数です。

② 23×12の答えは、23×2の答えと

23×□ の答えをあわせた数になります。

## 6 □にあてはまる式を書きましょう。
1つ2点(8点)

① □＋4＝12の□は、□ の式で

もとめられます。

② □−4＝8の□は、□ の式で

もとめられます。

③ □×4＝12の□は、□ の式で

もとめられます。

④ □÷4＝3の□は、□ の式で

もとめられます。

## 7 　□ にあてはまる数をもとめましょう。　1つ2点(8点)

① □ ＋18＝31

② □ −43＝17

③ □ ×8＝48

④ □ ÷9＝8

## 8 　計算をしましょう。　　　　　1つ2点(16点)

① 16
　×42

② 38
　×67

③ 26
　×85

④ 54
　×70

⑤ 423
　× 12

⑥ 195
　× 34

⑦ 186
　× 65

⑧ 602
　× 49

思考・判断・表現　　　　　　　　　　　／32点

## 9 　体重が3.5kgの子犬を0.9kgの重さのかごに入れました。
全体の重さは何kgになるでしょうか。

式・答え 1つ4点(8点)

式

答え（　　　　　　　　　　）

## 10 　8mの長さのひもから、0.2m切り取りました。
のこりの長さは何mでしょうか。　式・答え 1つ4点(8点)

式

答え（　　　　　　　　　　）

## 11 　1こ9円のあめを何こか買ったら、代金は72円でした。
買ったあめの数は何こでしょうか。　式・答え 1つ4点(8点)

式

答え（　　　　　　　　　　）

## 12 　りおさんの持っているリボンの長さは63cmです。りおさんのリボンの長さは、あみさんの持っているリボンの長さの3倍です。
あみさんの持っているリボンの長さは何cmでしょうか。
式・答え 1つ4点(8点)

式

答え（　　　　　　　　　　）

**3年** 算数のまとめ **学力しんだんテスト**

名前

月　日

時間 **40**分

ごうかく80点 ／100

答え**51**ページ

---

**1** 次の数を数字で書きましょう。 1つ2点(4点)

① 千万を9こ、百万を9こ、一万を6こ、千を4こあわせた数

（　　　　　　　　　）

② 100000 を 352 こ集めた数

（　　　　　　　　　）

**2** 計算をしましょう。 1つ2点(16点)

① 8×0　　　　② 20×3

③ 18÷6　　　④ 84÷2

⑤ 　563
　＋339

⑥ 　805
　－217

⑦ 　　25
　×43

⑧ 　375
　×　13

**3** 次のかさやテープの長さを、小数を使って[　]のたんいで表しましょう。 1つ2点(4点)

① [dL] 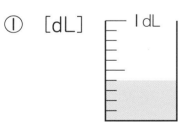　　② [cm]

（　　　　　）　（　　　　　）

**4** □にあてはまる数を書きましょう。 1つ2点(4点)

① 1m を 5 等分した 2 こ分の長さは、□ m です。

② $\frac{1}{7}$ の 4 こ分は、□ です。

**5** □にあてはまる、等号（＝）、不等号（>、<）を書きましょう。 1つ2点(8点)

① 1 □ $\frac{2}{3}$　　② $\frac{2}{9}+\frac{5}{9}$ □ $1-\frac{1}{9}$

③ 0.3 □ $\frac{3}{10}$　④ 2.6+1.4 □ 5−0.9

**6** □にあてはまる数を書きましょう。 1問2点(8点)

① 7km 10 m ＝ □ m

② 1分 ＝ □ 秒

③ 87 秒 ＝ □ 分 □ 秒

④ 5000 g＝ □ kg

**7** はりがさしている重さを書きましょう。 1問2点(4点)

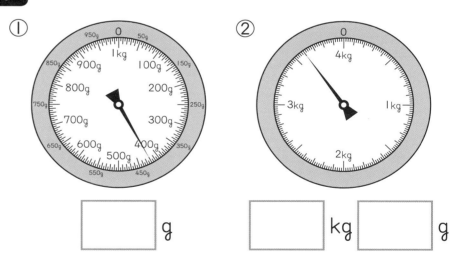

① □ g　　② □ kg □ g

**8** じょうぎとコンパスを使って、次の三角形をかきましょう。 1つ2点(4点)

① 辺の長さが 4cm、3cm、3cm の二等辺三角形

② 辺の長さが 4cm の正三角形

**9** アの点を中心として、直径が6cmの円をかきましょう。

(2点)

・ア

**10** 右の図のように、同じ大きさのボールが6こ、箱にすきまなく入っています。箱の横の長さは12cmです。

1つ2点(4点)

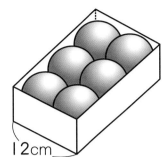

12cm

① ボールの直径は何cmですか。

（　　　　　　）

② 箱のたての長さは何cmですか。

（　　　　　　）

**11** たまごが40こあります。　式・答え　1つ3点(12点)

① このたまごを8人に同じ数ずつ分けると、1人分は何こになりますか。

式

答え（　　　　　　）

② 全部のたまごを箱に入れます。1箱に6こずつ入れると、箱は何こいりますか。

式

答え（　　　　　　）

**12** いちごが38こありました。何こか食べると、25このこりました。

1つ3点(6点)

① 食べたいちごの数を□ことして、式に表しましょう。

（　　　　　　　　　　）

② □にあてはまる数をみつけましょう。

[　　　]こ

---

**13** 下の表は、おかしのねだんを調べたものです。

1つ2点(12点)

おかしのねだん

| しゅるい | ねだん(円) |
|---|---|
| ガ　ム | 30 |
| あ　め | 80 |
| グ　ミ | 120 |
| クッキー | 140 |

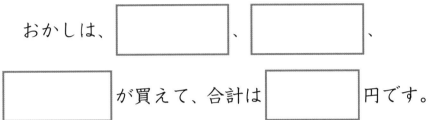

① あめとグミのねだんを、上のぼうグラフに表しましょう。

② 300円でおつりがいちばん少なくなるように、3しゅるいのおかしを1こずつ買うと、どのおかしが買えますか。また、合計は何円になりますか。

おかしは、[　　　]、[　　　]、

[　　　]が買えて、合計は[　　　]円です。

**14** 次の図は、ひなさんの家から学校までの道のりを表したものです。

①式・答え　1つ3点、②1つ3点(12点)

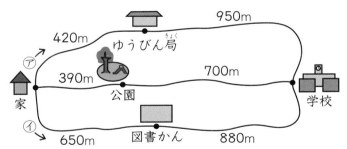

① 家から公園の前を通って学校へ行くときの道のりは、何km何mですか。

式

答え（　　　　　　　　　）

② 家からゆうびん局の前を通って学校へ行く㋐の道と、家から図書かんの前を通って学校へ行く㋑の道とでは、どちらが学校まで近いですか。また、そのわけを、次のことばを使って書きましょう。

┌─────────────────────────┐
│ ㋐の道のり　　㋑の道のり　　短い │
└─────────────────────────┘

近いのは、[　　　]の道

わけ（　　　　　　　　　　　　　）

この「答えとてびき」はとりはずしてお使いください。

教科書ぴったりトレーニング

# 答えとてびき

教育出版版　算数3年

## 問題がとけたら…

① まずは答え合わせをしましょう。
② 次にてびきを読んでかくにんしましょう。

---

🏠 **おうちのかたへ** では、次のようなものを示しています。

・学習のねらいやポイント
・他の学年や他の単元の学習内容とのつながり
・まちがいやすいことやつまずきやすいところ

お子様への説明や、学習内容の把握などにご活用ください。

⏰ **しあげの5分レッスン** では、

学習の最後に取り組む内容を示しています。
学習をふりかえることで学力の定着を図ります。

---

答え合わせの時間短縮に **丸つけラクラク解答** デジタルもご活用ください！

右の QR コードをスマートフォンなどで読み取ると、
赤字解答の入った本文紙面を見ながら簡単に答え合わせができます。

丸つけラクラク解答デジタルは以下の URL からも確認できます。
https://www.shinko-keirinwebshop.com/shinko/2024pt/rakurakudegi/MKS3da/index.html

※丸つけラクラク解答デジタルは無料でご利用いただけますが、通信料金はお客様のご負担となります。
※QR コードは株式会社デンソーウェーブの登録商標です。

 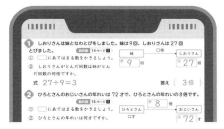

---

# 1 かけ算のきまり

## ぴったり1 じゅんび　2ページ

1 (1)20、20、20　(2)0、0
　(3)5、0、0

## ぴったり2 練習　3ページ　てびき

1 ①0　②0　③0　④0
2 ①0　②0　③0　④0
3 ①式　10×4=40　　　答え　40点
　②式　6×0=0　　　　答え　0点
　③式　2×3=6　　　　答え　6点
　④式　0×1=0　　　　答え　0点

1 どんな数に0をかけても、答えは0になります。
2 0にどんな数をかけても、答えは0になります。
3 とく点は、

$$\boxed{点数}×\boxed{入った数（こ）}=\boxed{とく点（点）}$$

の式でもとめられます。

## ぴったり1 じゅんび　4ページ

1 (1)3　(2)6　(3)3
2 (1)5、28　(2)①8　②4　③48

🏠 **おうちのかたへ** このテキストで出てくる、4ページの交かんのきまり、分配のきまり、6ページの結合のきまりは、中学数学では、文字を使って交換法則、分配法則、結合法則として学習する大切な内容です。数の合成・分解を含め、これから学習する算数・数学の基礎となります。必ず理解させておきたいものです。

**1** ①2　②4　③6　④9　⑤7　⑥2

**2** ①1　②4

**3** ①3　②3

**4** ①66　②36　③32　④126

**1** ①2×7は、2×6よりかける数が1ふえている
　ので、答えは2大きくなります。
②4×8は、4×9よりかける数が1へっている
　ので、答えは4小さくなります。
③6のだんでは、かける数が1ふえると、答えは
　6大きくなります。
④8のだんでは、かける数が1へると、答えは
　8小さくなります。
⑤⑥かけられる数とかける数を入れかえて計算し
　ても、答えは同じになります。

**2** ①かけられる数を分けても、答えは同じになるの
　で、7を6と□（＝1）に分けて計算します。
②かけられる数を分けても、答えは同じになるの
　で、6を□（＝4）と2に分けて計算します。

**3** ①かける数を分けても、答えは同じになるので、
　9を6と□（＝3）に分けて計算します。
②かける数を分けても、答えは同じになるので、
　8を□（＝3）と5に分けて計算します。

**4** ①かけられる数の11を分けて考えます。
　（れい）11を5と6に分けて計算すると、
　　11×6＝（5×6）＋（6×6）＝30＋36＝66
②かけられる数の12を分けて考えます。
　（れい）12を8と4に分けて計算すると、
　　12×3＝（8×3）＋（4×3）＝24＋12＝36
③かける数の16を分けて考えます。
　（れい）16を9と7に分けて計算すると、
　　2×16＝（2×9）＋（2×7）＝18＋14＝32
④かける数の18を分けて考えます。
　（れい）18を9と9に分けて計算すると、
　　7×18＝（7×9）＋（7×9）＝63＋63＝126

**1** (1)6、60　(2)12、1200
**2** ①20　②60　③6　④60

① ①40　②120　③450　④180

① 10のまとまりが何こあるか考えて計算します。
　①10が2ことみて、10が(2×2)こ。
　　2×2＝4、10が4こで40なので、
　　20×2＝40になります。
　②10が4ことみて、10が(4×3)こ。
　　4×3＝12、10が12こで120なので、
　　40×3＝120になります。
　③10が5ことみて、10が(5×9)こ。
　　5×9＝45、10が45こで450なので、
　　50×9＝450になります。
　④10が9ことみて、10が(9×2)こ。
　　9×2＝18、10が18こで180なので、
　　90×2＝180になります。

② ①800　②500　③2100　④4000

② 100のまとまりが何こあるか考えて計算します。
　①100が2ことみて、100が(2×4)こ。
　　2×4＝8、100が8こで800なので、
　　200×4＝800になります。
　③100が7ことみて、100が(7×3)こ。
　　7×3＝21、100が21こで2100なので、
　　700×3＝2100になります。
　④100が5ことみて、100が(5×8)こ。
　　5×8＝40、100が40こで4000なので、
　　500×8＝4000になります。

③ ①3×3×2＝9×2＝18
　　3×(3×2)＝3×6＝18
　②50×2×4＝100×4＝400
　　50×(2×4)＝50×8＝400

③ 前からじゅんにかけるしかたと、後の2つを先にかけるしかたの2通りあります。
　①3×3×2　　　❶3×3＝9
　　　　　　　　❷9×2＝<u>18</u>
　　3×(3×2)　　❶3×2＝6
　　　　　　　　❷3×6＝<u>18</u>

④ ①8　②8

④ ①5のだんの九九をとなえて見つけます。

① ①3　②9　③6、2

① ①3×8は、3×7よりかける数が1ふえているので、答えは3大きくなります。
　②9×5は、9×6よりかける数が1へっているので、答えは9小さくなります。
　③2×7の答えは、2×6より2大きくて、2×8より2小さくなります。

**②** ①5 ②7 ③5 ④6

**③** ①2 ②8 ③7 ④2 ⑤8 ⑥9 ⑦7
⑧5

**④** ①0 ②0 ③0 ④0 ⑤160 ⑥100
⑦900 ⑧1400

**⑤** ①30×3×3=90×3=270
　　30×(3×3)=30×9=270
　②20×4×2=80×2=160
　　20×(4×2)=20×8=160

**②** ①5のだんでは、かける数が1ふえると、答えは
　　5大きくなります。
　②7のだんでは、かける数が1へると、答えは
　　7小さくなります。
　③④かけられる数とかける数を入れかえて計算し
　　ても、答えは同じになります。

**③** ①かける数を分けても、答えは同じになるので、
　　3を1と2に分けます。
　　4×3＝<u>12</u>
　　(4×1)+(4×2)=4+8=<u>12</u>
　②かける数の9が4と5に分かれていますが、か
　　けられる数は8のままなので、もう一方のかけ
　　られる数も8になります。
　　8×9＝<u>72</u>
　　(8×4)+(8×5)=32+40=<u>72</u>
　③かけられる数の6が3と3に分かれていますが、
　　かける数は7のままなので、もう一方のかける
　　数も7になります。
　　6×7＝<u>42</u>
　　(3×7)+(3×7)=21+21=<u>42</u>
　④かけられる数を分けても、答えは同じになるの
　　で、5を2と3に分けます。
　　5×9＝<u>45</u>
　　(2×9)+(3×9)=18+27=<u>45</u>
　⑤2×□＝16から、2のだんの九九をとなえて、
　　答えが16になるようなかける数を見つけます。
　⑦1×5＝5、2×5＝10、……のように、数を
　　じゅんにあてはめてもとめます。
　　または、□×5＝5×□と考えて、5のだんの
　　九九をとなえてもとめることもできます。

**④** ①～④どんな数に0をかけても、0にどんな数を
　　かけても、答えは0になります。
　⑤⑥10が何こあるか考えて計算します。
　⑤40を10が4このまとまりとみて、10が
　　(4×4)こあると考えます。
　⑦⑧100が何こあるか考えて計算します。
　⑦100が(1×9)こあると考えます。

**⑤** 前の数からじゅんにかけるしかたと、後の2つの
　　数を先にかけるしかたの2通りあります。
　①30×3×3　　　　❶30×3＝90
　　　　　　　　　　❷90×3＝<u>270</u>
　　30×(3×3)　　❶3×3＝9
　　　　　　　　　　❷30×9＝<u>270</u>

4

**6** ①4 ②12 ③42 ④14 ⑤42

**6** **もとめ方1** かけられる数を分けて計算しても、答えは同じになるというきまりを使って、14を10と4に分けて計算します。

**もとめ方2** かける数が1ふえると、答えはかけられる数だけ大きくなるきまりを使ってもとめます。

**7** ①100点…式　100×3＝300

答え　300点

10点…式　10×0＝0　　　答え　0点

5点…式　5×4＝20　　　答え　20点

0点…式　0×7＝0　　　　答え　0点

②式　300＋0＋20＋0＝320

答え　320点

**7** ①それぞれのところのとく点は、

点数 × 入った数（こ） ＝ とく点（点）

の式でもとめます。

②とく点の合計は、それぞれのところ（100点、10点、5点、0点）のとく点をたします。

# 2 時こくと時間

**1** (1)11、30　(2)70

**2** (1)11　(2)9

てびき

**1** ①午前9時25分　②午後8時25分

③午後2時45分　④午前10時20分

**1** ①午前8時35分の25分後が、ちょうど午前9時。さらにその25分後です。

②午後6時45分の15分後が、ちょうど午後7時。さらに1時間後が午後8時。さらにその25分後なので、午後8時25分になります。

③午後3時30分の30分前が、ちょうど午後3時。その15分前なので、午後2時45分。

④午前11時40分の40分前が、ちょうど午前11時。さらにその40分前なので、午前10時20分になります。

**2** ①1時間20分　②1時間35分

③2時間35分

**2** ①35分間と45分間をあわせて80分間。80分間＝1時間20分です。

②午後10時15分から午後11時までの時間は、45分。午後11時から午後11時50分までの時間は、50分。45分と50分をあわせて、95分＝1時間35分です。

③午前11時25分から正午までは、35分。正午から午後2時までは2時間。35分と2時間で、2時間35分になります。

**3** ①75　②180　③1、20　④148

**3** ①1分＝60秒なので、60秒と15秒で75秒。

②3分＝60秒＋60秒＋60秒＝180秒です。

③80秒は、60秒と20秒をあわせた時間です。

④2分＝120秒なので、120秒と28秒をあわせると148秒です。

④ ①75秒　②2分

④ 単位をそろえて、時間をくらべます。
　①1分＝60秒
　　60秒と75秒では、75秒のほうが長いです。
　②2分＝120秒　120秒と110秒では、120
　　秒のほうが長いです。

🏠 **おうちのかたへ**　お子様に、「時刻」と「時間」の違いをしっかりとおさえさせましょう。時刻とは時間の流れの、ある1点をさし、時間とはある時刻と時刻の間の長さをいいます。

## ぴったり3 たしかめのテスト　12〜13ページ　　　　　　　てびき

❶ ①120　②1、40　③2、30　④80

❶ ①1分＝60秒　2分＝60秒＋60秒＝120秒
　②100秒－60秒＝40秒
　　だから、100秒＝1分40秒になります。
　③150秒－60秒＝90秒
　　まだ60秒がひけるので、
　　90秒－60秒＝30秒
　　だから、150秒＝2分30秒になります。
　④1分20秒は、60秒と20秒をあわせた時間。

❷ ①分　②時間　③秒　④分

❷ まい日の生活の中で、「時間」、「分」、「秒」の表す時間の長さと単位をおさえましょう。

⏰ **しあげの5分レッスン**　時計は、60秒＝1分、60分＝1時間です。おぼえておきましょう。

❸ ①80秒　②150秒　③90秒　④190秒

❸ ①80秒と1分（＝60秒）では、80秒のほうが長いです。
　②2分は120秒なので、2分（＝120秒）と150秒では、150秒のほうが長いです。
　③1分15秒＝60秒＋15秒＝75秒
　　75秒と90秒では、90秒のほうが長いです。
　④190秒＝3分10秒です。3分10秒と3分では、3分10秒のほうが長いです。

❹ ①午後5時15分　②午前8時50分
　③午前11時50分　④1時間15分
　⑤1時間40分　⑥1時間55分

❹ ①午後4時25分の35分後が、ちょうど午後5時です。さらにその15分後なので、午後5時15分になります。
　②1時間10分＝70分
　　午前7時40分の20分後が、ちょうど午前8時です。さらにその50分後なので、午前8時50分になります。
　③午後0時15分の15分前の時こくが、ちょうど午後0時です。さらにその10分前なので、午前11時50分になります。
　④50分間＋25分間＝75分間＝1時間15分
　⑤午前10時5分から午前11時までの時間は、55分です。午前11時から午前11時45分までの時間は、45分。55分と45分をあわせて、100分＝1時間40分になります。

⑤ ①午後 | 時 45 分　②午後 3 時 25 分
　③35 分　④午後 3 時 50 分

⑥午前 | | 時 20 分から正午までは、40 分。正午から午後 | 時までは | 時間。40 分と | 時間と | 5 分をあわせて、 | 時間 55 分になります。

⑤ ①時計は、午後 2 時 5 分をさしています。家を出たのは 20 分前なので、20 分前の時こくをもとめます。午後 2 時 5 分の 5 分前が、ちょうど午後 2 時。さらにその | 5 分前なので、午後 | 時 45 分になります。

②午後 2 時 5 分から | 時間 20 分後の時こくをもとめます。 | 時間 20 分＝80 分
午後 2 時 5 分の 55 分後が、ちょうど午後 3 時。さらにその 25 分後なので、午後 3 時 25 分になります。

③午後 3 時 25 分から午後 4 時までの時間は、35 分です。

④自転車で 20 分かかるので、午後 4 時 | 0 分の 20 分前の時こくをもとめます。午後 4 時 | 0 分の | 0 分前が、ちょうど午後 4 時。さらにその | 0 分前なので、午後 3 時 50 分になります。

# ③ たし算とひき算

**ぴったり① じゅんび　14 ページ**

1 (1)6、600　(2) | 、1022
2 9、9035

**ぴったり② 練習　15 ページ　てびき**

1 ①
```
  125
+523
 648
```
②
```
  359
+328
 687
```
③
```
  472
+481
 953
```
④
```
  126
+ 67
 193
```

2 ①701　②901　③500　④1378
　⑤1165　⑥1020

3 ①
```
 5429
+1336
 6765
```
②
```
 1625
+2995
 4620
```

1 位をたてにそろえて書きましょう。
②は十の位、③は百の位に、それぞれ | くり上がります。くり上げた | をたしわすれないように気をつけましょう。
④一の位から | くり上がるので、十の位の計算は
| ＋2＋6＝9 となります。

2 ①
```
  | |
 376
+325
 701
```
②
```
  | |
 882
+ 19
 901
```
③
```
  | |
 492
+  8
 500
```
④～⑥答えが 4 けたになるので、注意しましょう。
④
```
  557
+821
 1378
```
⑤
```
  | |
  186
+979
 1165
```
⑥
```
  | |
  975
+ 45
 1020
```

3 3 けたの数のたし算と同じように、位をたてにそろえて計算します。けた数がふえるので、とくにくり上がりに注意しましょう。

7

**④** ①4884 ②8919 ③7205 ④9088
⑤9154 ⑥3000

**④** くり上がりに注意して、計算しましょう。

| ① ¹ ¹ | ② ¹ | ③ ¹ ¹ |
|---|---|---|
| 2457 | 7238 | 4513 |
| +2427 | +1681 | +2692 |
| 4884 | 8919 | 7205 |

| ④ ¹ ¹ | ⑤ ¹ ¹ ¹ | ⑥ ¹ ¹ ¹ |
|---|---|---|
| 6439 | 3867 | 1254 |
| +2649 | +5287 | +1746 |
| 9088 | 9154 | 3000 |

---

🏠 **おうちのかたへ** けた数が大きくなっても、位をそろえて書き、一の位から順に計算させましょう。
　ここで注意すべき点は、くり上がった数の処理です。忘れないようにくり上がったけた数の上に小さく「1」を書かせましょう。

---

**ぴったり①** **じゅんび** **16** ページ

**1** (1)1、137　(2)2、269
**2** 4、4837

---

**ぴったり②** **練習** **17** ページ　　　　**てびき**

**①**
| ① | ② | ③ |
|---|---|---|
| 273 | 329 | 614 |
| −146 | −168 | −275 |
| 127 | 161 | 339 |

| ④ |
|---|
| 331 |
| −267 |
| 64 |

**②** ①348 ②188 ③323 ④696 ⑤795
⑥48

**③**
| ① | ② | ③ |
|---|---|---|
| 1564 | 3124 | 7528 |
| − 732 | − 152 | − 929 |
| 832 | 2972 | 6599 |

**④** ①1193 ②6728 ③4883 ④2785
⑤5447 ⑥8328

---

**①** 位をたてにそろえて書きましょう。

| ① ⁶¹ | ② ²¹ | ③ ⁵⁰¹ |
|---|---|---|
| 2̸7̸3 | 3̸2̸9 | 6̸1̸4 |
| −146 | −168 | −275 |
| 127 | 161 | 339 |

| ④ ²²¹ |
|---|
| 3̸3̸1 |
| −267 |
| 64 |

**②**
| ① ⁹ | ② ⁹ | ③ ⁹ |
|---|---|---|
| ⁶⁹1 | ⁴⁹1 | ³⁹1 |
| 7̸0̸1 | 5̸0̸6 | 4̸0̸2 |
| −353 | −318 | − 79 |
| 348 | 188 | 323 |

| ④ ⁸⁹1 | ⑤ ⁷⁹1 | ⑥ ⁹⁹1 |
|---|---|---|
| 9̸0̸0 | 8̸0̸1 | 1̸0̸0̸0 |
| −204 | − 6 | − 952 |
| 696 | 795 | 48 |

**③** 3けたの数のひき算と同じように、位をそろえて一の位からじゅんに計算します。

**④** 3けたのときよりもくり下がりが多くなることもあるので、ていねいに計算しましょう。

| ① ²¹ | ② ⁸¹⁴¹ | ③ ⁶⁷²¹ |
|---|---|---|
| 3̸3̸2̸4 | 9̸6̸5̸3 | 7̸8̸3̸1 |
| −2131 | −2925 | −2948 |
| 1193 | 6728 | 4883 |

| ④ ³⁹⁹1 | ⑤ ⁵⁹⁹1 | ⑥ ⁸⁹⁹1 |
|---|---|---|
| 4̸0̸0̸2 | 6̸0̸0̸1 | 9̸0̸0̸7 |
| −1217 | − 554 | − 679 |
| 2785 | 5447 | 8328 |

## ぴったり1 じゅんび　18ページ

1 (1)20、41　(2)30、27
2 (1)①600　②958　(2)①200　②503

## ぴったり2 練習　19ページ

**てびき**

1 ①96　②83　③62　④73　⑤61　⑥95
　⑦92　⑧60　⑨81

2 ①46　②48　③66　④17　⑤29　⑥27
　⑦39　⑧45　⑨46

3 ①348　②404　③202

4 ①225　②848　③1335

1 ①64＋32 → 64＋㉚＝94　94＋②＝96
　②57＋26 → 57＋⑳＝77　77＋⑥＝83
　③19＋43 → 19＋㊵＝59　59＋③＝62
　④38＋35 → 38＋㉚＝68　68＋⑤＝73

2 ①78－32 → 78－㉚＝48　48－②＝46
　②65－17 → 65－⑩＝55　55－⑦＝48
　③94－28 → 94－⑳＝74　74－⑧＝66
　④51－34 → 51－㉚＝21　21－④＝17

3 ①　198＋150＝|348|
　　　2たす↓　　　↑2ひく
　　　|200|＋150＝350
　②　800－396＝|404|
　　　4たす↓　　　↑4たす
　　　800－|400|＝400

4 ①125＋62＋38＝125＋(62＋38)
　　　　　　　　＝125＋100＝225
　②648＋121＋79＝648＋(121＋79)
　　　　　　　　＝648＋200＝848
　③455＋335＋545＝335＋(455＋545)
　　　　　　　　＝335＋1000＝1335

🏠 おうちのかたへ　暗算は頭の中で行う計算ですから、計算とちゅうの数の分け方などにきまりはありません。たとえばたされる数を分けるなど、他の方法で計算していてもお子様の自由な発想をほめて伸ばしてください。

## ぴったり3 たしかめのテスト　20〜21ページ

**てびき**

1 ①❶11、1　❷1、7　❸2、5　❹571
　②❶1、11、4　❷8、5　❸5、4
　　❹454

2 ①494　②500　③1628
　④8909　⑤8000　⑥107
　⑦555　⑧779　⑨2785

1 筆算のしかたは、どんなにけた数がふえても同じなので、きちんと理かいしておきましょう。

2
①
```
   1
  367
 +127
  494
```
②
```
  11
  456
 + 44
  500
```
③
```
   1
  835
 +793
 1628
```
④
```
   1
  4256
 +4653
  8909
```
⑤
```
  111
  1873
 +6127
  8000
```
⑥
```
   31
  645
 -538
  107
```

9

⑦
```
  6 1 1
  7 2 4
- 1 6 9
─────────
  5 5 5
```
⑧
```
  7 2 1
  8 3 3
-   5 4
─────────
  7 7 9
```
⑨
```
    9 9
  6 ⁱ⁰ ⁱ⁰ ⁱ⁰
  7 0 0 2
- 4 2 1 7
─────────
  2 7 8 5
```

くり上げた数やくり下げた数をわすれないこと。

**❸** ①42 ②92 ③70 ④33 ⑤37 ⑥69

**❸** ①15＋27 → 15＋⑳＝35　35＋⑦＝42
　②43＋49 → 43＋㊵＝83　83＋⑨＝92
　④51－18 → 51－⑩＝41　41－⑧＝33
　⑤62－25 → 62－⑳＝42　42－⑤＝37

**❹** ①476 ②302 ③246 ④1333

**❹** ①296に4をたして300にします。
　　300＋180＝480　4をたしたので、480
　　から4をひいた数が答えになります。
　②398に2をたして400にします。
　　700－400＝300
　　2をたしたので、300に2をたした数が答え
　　になります。
　③146＋53＋47＝146＋(53＋47)
　　　　　　　　＝146＋100＝246
　④728＋333＋272＝(728＋272)＋333
　　　　　　　　　＝1000＋333＝1333

**❺** 式　297＋356＝653　　　答え　653こ

**❺** 3年生と4年生が集めたあきかんの合計をもとめるので、たし算になります。

**❻** 式　135＋588＝723
　　　　1000－723＝277　　　答え　277円

**❻** まず、ノートと本の代金の合計をもとめます。
　135＋588＝723(円)
　1000円から代金をひいて、
　1000－723＝277(円)

**❼** ⓐ698円　ⓘ2210円　ⓤ1041円

**❼** プレゼントを買う前ののこったお金は1867円、
　プレゼントを買ったあとののこったお金は
　1169円なので、プレゼント代は、
　1867－1169＝698(円)になります。
　698は、使ったお金のらんに書きます。
　8月に入ったお金は、1530＋600＝2130、
　2130＋50＋30＝2210(円)になります。
　8月に使ったお金は、105＋98＋140＝343、
　そこにプレゼント代の698円をたして、
　343＋698＝1041(円)になります。

**しあげの5分レッスン** ❼のような問題では、答えをどこに書いたらよいかまようものです。おてつだいなどで入ったお金、品物を買ったときに使ったお金が表のどこに書かれているかから考えてみましょう。

# 4 わり算

**ぴったり1 じゅんび** 22 ページ

1 18、3
2 32、4、4

**ぴったり2 練習** 23 ページ
**てびき**

1 ①16÷2=8
　②24÷4=6

2 式　30÷5=6　　　　　答え　6ふくろ

3 式　27÷3=9　　　　　答え　9本

1 ①|全部の数|÷|1さら分の数（こ）|
　=|分けられるさらの数|の式にあてはめます。
　②|全部の数|÷|人数（人）|=|1人分の数|
　の式にあてはめます。

2 |全部の数|÷|1ふくろ分の数（こ）|
　=|分けられるふくろの数|と考えます。
　30÷5の答えは、5×□=30の□にあてはま
　る数なので、5のだんの九九でもとめることがで
　きます。5×6=30なので、30÷5=6

3 |全部の数|÷|人数（人）|=|1人分の数|
　と考えます。
　27÷3の答えは、3×□=27の□にあてはま
　る数なので、3のだんの九九でもとめることがで
　きます。3×9=27なので、27÷3=9

**ぴったり1 じゅんび** 24 ページ

1 (1)①6　②3　③2　④2
　(2)①6　②3　③2　④2
2 (1)0　(2)1　(3)3

**ぴったり2 練習** 25 ページ
**てびき**

1 ①式　27÷3=9　　　答え　9たば
　②式　27÷3=9　　　答え　9まい

1 ①|全部の数|÷|1たば分の数|=|できるたばの数|
　と考えます。
　　27÷3の答えは、3×□=27の□にあては
　まる数なので、3のだんの九九を使って答えを
　見つけます。3×9=27なので、27÷3=9
　②|全部の数|÷|人数|=|1人分の数|と考えます。
　　27÷3の答えは、□×3=27の□にあては
　まる数です。□×3=3×□なので、3のだん
　の九九を使って答えを見つけます。
　①と②で答えの単位が「たば」と「まい」でちがう
　ので注意しましょう。

**2** ①4 ②4 ③3 ④6 ⑤7 ⑥9
　　⑦0 ⑧1 ⑨4

**2** わり算の答えは、わる数のだんの九九を使っても
とめることができます。
　①は3のだん、②は4のだん、③は7のだん、
　④は6のだん、⑤は9のだん、⑥は8のだん
　の九九を使ってもとめます。
　⑦わる数が0でないどんな数であっても、わられ
　　る数が0ならば、答えは0になります。
　⑧わられる数とわる数が同じ数ならば、答えは1
　　になります。
　⑨わられる数がどんな数でも、わる数が1ならば、
　　答えはわられる数になります。

**3** ・30この風船を1人に5こずつ分けると、何
　　人に分けられるでしょうか。
　・30この風船を5人で同じ数ずつ分けると、
　　1人分は何こになるでしょうか。

**3** 全部の数 ÷ 1人分の数 ＝ 人数 と、
　　全部の数 ÷ 人数 ＝ 1人分の数 となる問題を考
　　えます。

---

**ぴったり1 じゅんび** 　26 ページ

**1** ①60 ②6 ③6 ④60 ⑤10 ⑥10
**2** (1)①10 ②3 ③13 ④13
　　(2)①10 ②1 ③11 ④11

---

**ぴったり2 練習** 　27 ページ　　　　　　　　　　　てびき

**1** ①30 ②30 ③40 ④10 ⑤10 ⑥10

**1** わられる数を10が何ことみると、九九を使って
　もとめられます。
　①60を10が6ことみて、6÷2＝3なので、
　　60÷2＝30
　②90を10が9ことみて、9÷3＝3なので、
　　90÷3＝30
　④30を10が3ことみて、3÷3＝1なので、
　　30÷3＝10
　⑤70を10が7ことみて、7÷7＝1なので、
　　70÷7＝10

**2** ①13 ②21 ③42 ④11 ⑤11 ⑥11

**2** 九九をこえるわり算は、位ごとに計算します。
　①26÷2　→　20÷2＝<u>10</u>　　6÷2＝<u>3</u>
　　あわせて13
　②63÷3　→　60÷3＝<u>20</u>　　3÷3＝<u>1</u>
　　あわせて21
　④11÷1　→　10÷1＝<u>10</u>　　1÷1＝<u>1</u>
　　あわせて11
　⑤55÷5　→　50÷5＝<u>10</u>　　5÷5＝<u>1</u>
　　あわせて11

**3** 式　40÷2＝20　　　　　　答え　20まい

**3** 40を10が4ことみて、4÷2＝2　なので、
　40÷2＝<u>20</u>で20まいになります。

④ 式　96÷3＝32　　　　　　　　答え　32まい

④ 96を、90と6に分けて考えます。
90÷3＝<u>30</u>　　6÷3＝<u>2</u>
あわせて 30＋2＝32 で 32 まいになります。

❶ ①18÷2、9
　②18÷2、9

❶ ①「分けられる数」や②「1人分」をもとめるときは、わり算を使います。

❷ ①2　②5　③5　④6　⑤5
　⑥0　⑦1　⑧5

❷ ①12÷6　→6のだんの九九を使います。
「六<u>二</u>12」なので、12÷6＝<u>2</u>
②45÷9　→9のだんの九九を使います。
「九五45」なので、45÷9＝<u>5</u>
③35÷7　→7のだんの九九を使います。
「七五35」なので、35÷7＝<u>5</u>
⑥0を、0でないどんな数でわっても、答えはいつも0になります。
⑦わられる数とわる数が同じときは、答えはいつも1になります。
⑧わる数が1のときは、答えはいつもわられる数になります。

❸ ①10　②20　③32　④11

❸ ①20を10が2ことみて、2÷2＝<u>1</u>
10が1こなので、20÷2＝<u>10</u>になります。
③64を60と4に分けて、60÷2＝<u>30</u>
4÷2＝2、30と2をあわせて32になります。

❹ 式　48÷8＝6　　　　　　　　答え　6人

❹ 全部の数÷1人分の数＝人数と考えます。
8のだんの九九を使って答えをもとめます。

❺ 式　63÷7＝9　　　　　　　　答え　9人

❺ 全体の人数÷分ける数＝1つ分の人数と考えます。7のだんの九九を使って答えをもとめます。

❻ ③、え

❻ あ9×3、い9－3、う9÷3、え9÷3の式でもとめられます。

❼ 式　145－89＝56
　　　56÷7＝8　　　　　　　　答え　8ページ

❼ のこっているページをもとめるには、まず、ひき算をします。もとめたのこりのページを1週間（7日間）で読むためには、7でわります。

**しあげの5分レッスン** わり算の考え方のもとになるのはかけ算です。もっと言うと、2年で学習した「九九」が、算数・数学での学習のもととなります。九九の学習は、算数の力がつく、一番よい学習方法です。「九九」の計算をあなどらないで、復習しましょう。

# ❺ 長さ

❶ ①cm　②10　③3　④10
❷ 1、500
❸ あ

**1** ①96 cm　②1m 45 cm
　③3m 81 cm　④4m 18 cm

**2** ①まきじゃく　②ものさし
　③ものさし　④まきじゃく

**3** ①920 m　②1360 m、1km 360 m

**1** 1めもりは1cm です。
　①1m の4cm 前のめもりをさしています。
　②1m とあと45 cm です。
　③4m の19 cm 前のめもりをさしています。
　④4m とあと18 cm です。

**2** 長いものの長さや、丸いもののまわりの長さは、まきじゃくを使ってはかるとべんりです。

**3** ①きょりは、まっすぐにはかった長さです。
　②560 m＋800 m＝1360 m
　　1km＝1000 m なので、
　　1360 m＝1km 360 m になります。

**1** ①あ55 cm　い1m 3cm
　②う1m 90 cm　え3m 19 cm
　③お5m 97 cm　か6m 32 cm 5mm

**2** ①km　②cm　③m

**3** ①2000　②1800　③3、400

**4** ①⑦　②⑰

**5** 道のり…1km 850 m
　きょり…1km 300 m

**6** ①950 m　②1km 100 m　③150 m
　④2km 50 m　⑤8分　⑥40分

**1** ①あ1m の45 cm 前のめもりをさしています。
　　い1m とあと3cm です。
　②う2m の10 cm 前のめもりをさしています。
　　え3m とあと19 cm です。
　③まきじゃくのいちばん小さな1めもりは5mm になっているので、注意しましょう。
　　お6m の3cm 前のめもりをさしています。
　　か6m とあと32 cm と5mm です。mm の単位まで答えましょう。

**2** それぞれの長さを思いうかべて、あてはまる長さの単位を書きましょう。

**3** 1km＝1000 m を使って考えましょう。
　①1000 m＋1000 m＝2000 m になります。
　②1000 m＋800 m＝1800 m になります。
　③3400 m は、3000 m と400 m です。
　　3000 m＝3km なので、3km 400 m です。

**4** ①えん筆は短いので、30 cm のものさしがべんりです。
　②教室の横の長さは1m より長いので、1m のものさしではなく、まきじゃくがべんりです。

**5** 道のりは2つの長さ(600 m と1km 250 m)のたし算でもとめられます。きょりは、まっすぐにはかった長さです。

**6** ①550 m＋400 m＝950 m
　②480 m＋620 m＝1100 m
　　1km＝1000 m なので、1km 100 m です。
　③①と②でもとめた長さのちがいをもとめます。
　　1km 100 m－950 m
　　＝1100 m－950 m＝150 m

④①と②でもとめた長さをたします。答えは
　1km1050mとしないようにしましょう。
　950m＋1km100m
　＝950m＋1100m＝2050m
　2050m＝2km50m
⑤400mは100mの4つ分なので、
　2×4＝8（分）かかります。
⑥2km＝2000mは100mの20こ分なので、
　2×20＝40（分）かかります。

# ⑥ 表とぼうグラフ

**ぴったり1 じゅんび　34ページ**

1 ①3　②3
　③8　④20
2 5、乗用車
3 1、8
　右のぼうグラフ

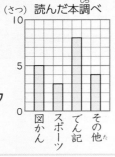
（さつ）読んだ本調べ
10
5
0
図かん　スポーツ　でん記　その他

**ぴったり2 練習　35ページ　てびき**

1 ①あ4　い13
　　う7　え5
　　お29
　②4人
2 ①読書をした
　　時間
　②40分間
　③6月24日

3 右のグラフ

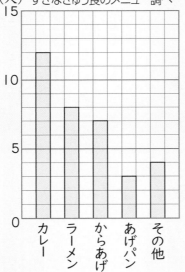
（人）すきなきゅう食のメニュー調べ
15
10
5
0
カレー　ラーメン　からあげ　あげパン　その他

1 ①「正」で5人を表します。 ̄や1の数を数えます。
　　お＝4＋13＋7＋5＝29
　②4人家族が13人で、いちばん多い。
2 ぼうグラフはたてがきのものばかりではなく、横
　がきのものもあるので、よみ方やかき方について、
　きちんとおぼえておきましょう。
　①右上の（分）という単位から時間を表しているこ
　　とがわかります。
　②1めもりは2分を表しています。
　③ぼうの長さがいちばん長い日です。
3 表にかかれた数とぼうグラフのますめの数をてら
　しあわせて、正しくぼうをかけるようにしましょう。
　このグラフの1めもりは1人を表しているので、
　カレー12めもり、ラーメン8めもり、からあげ
　7めもり、あげパン3めもり、…となります。

**ぴったり1 じゅんび　36ページ**

1 犬がすきな人、36、2組、35、3年生、104

15

❶
**3年生のかりた本** （さつ）

| しゅるい ＼ 組 | 1組 | 2組 | 3組 | 合計 |
|---|---|---|---|---|
| 物語 | 13 | 12 | 14 | 39 |
| 読みもの | 9 | 10 | 6 | 25 |
| でん記 | 5 | 2 | 5 | 12 |
| 図かん | 3 | 4 | 3 | 10 |
| その他 | 4 | 5 | 6 | 15 |
| 合計 | 34 | 33 | 34 | 101 |

❷ ①3年生の男子の人数
②ⓘ36　⓾17　ⓔ107

てびき

❶ 最後の合計の101は、たてと横の両方から計算して同じ数になるかをたしかめましょう。

❷ ①あは、1組の男子、2組の男子、3組の男子の人数の合計です。
②ⓘは1組の男子と女子の人数をあわせた数が入ります。⓾は2組の人数から2組の男子の人数をひくか、3年生の女子の人数から1組と3組の女子の人数をひいてもとめることができます。
ⓔは組の人数の合計か、男女の人数の合計か、いずれかのたし算でもとめることができます。

🏠**おうちのかたへ** 学習するときに、くふうすることは知能を発達させます。どうしたらグラフが見やすくなるか、計算が早く、簡単になるかなどをお子様に問いかけ、どんどん刺激を与えてください。

❶ ⓐ8　ⓘ9　⓾6
ⓔ4　ⓞ2
❷ ①2人　②8人
③木曜日　④6人
❸ ①ⓐ0
ⓘ20
⓾30
②ⓚさとし
ⓖゆうき
ⓗみさき
③右のグラフ

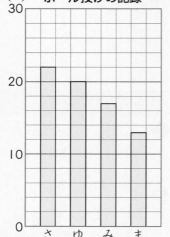

(m) **ボール投げの記録**

❹ ①ⓐ15
ⓘ12
②ポテトチップス
③右のグラフ
④それぞれのおやつの、1組と2組の人数の合計。

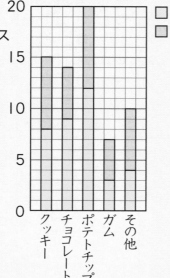

（人）**すきなおやつ調べ**

てびき

❶ 「正」の字の使い方をしっかりおぼえましょう。

❷ ①1めもりがいつも1とはかぎりません。まず、めもりの数字から1めもりがいくつを表しているかを調べましょう。10人を5つに分けているので、1めもりは2人を表しています。
②めもり4つ分なので、8人です。
③ぼうの長さが、いちばん長い曜日です。
④火曜日は12人、木曜日は18人なので、18－12＝6（人）多いです。

❸ ①10mを5つに分けているので、1めもりは2mになることから考えましょう。
③みさきさんの記録は17mなので、16と18のめもりのちょうど半分のところまでぼうをかきます。

❹ ①ⓐ8＋7＝15（人）
ⓘ20－8＝12（人）
②クッキーの合計…15人
チョコレートの合計…14人
ポテトチップスの合計…20人
ガムの合計…7人　その他の合計…10人
合計の人数がいちばん多いおやつは、ポテトチップスです。
③1組と2組がつながるようにぼうグラフをかきます。
④1組と2組の、すきなおかしのしゅるいごとの数をあわせ、合計の数をくらべやすくくふうしています。

# 7 あまりのあるわり算

**ぴったり1 じゅんび** 40 ページ

**1** ①17 ②2 ③5 ④2

**2** (1)①2 ②2 ③2 ④2
　　(2)①4 ②6 ③4 ④6

---

**ぴったり2 練習** 41 ページ
**てびき**

**1** ①2あまり3　②6あまり1

**2** ①6あまり1　②5あまり3　③6あまり1

**3** ①2あまり6　　たしかめ…7×2＋6＝20
　　②8あまり2　　たしかめ…8×8＋2＝66

**4** 式　60÷8＝7あまり4
　　　　　答え　7本できて、4cm あまる。

**5** 式　38÷9＝4あまり2
　　　　答え　1人分は4まいで、2まいあまる。

**1** ①15÷6 はわりきれないので、あまりが出ます。
②あまりはわる数よりも小さくなるようにします。

**2** わる数のだんの九九で答えを見つけます。
①2のだん、②9のだん、③4のだんの九九で答えを見つけます。
また、あまりがわる数より小さくなっているかもかくにんしましょう。

**3** わる数×答え＋あまり を計算して、それがわられる数と等しいかどうかでたしかめます。

**4** 全体の長さ÷1つ分の長さ＝できる本数
と考え、わりきれない分をあまりにします。
答えをもとめたらたしかめもしましょう。
たしかめ…8×7＋4＝60　もとの数の60cmになれば、答えは正しいといえます。

**5** 全部の数÷人数＝1人分の数と考え、わりきれない分をあまりにします。答えをもとめたらたしかめもしましょう。
たしかめ…9×4＋2＝38　もとの数の38まいになれば、答えは正しいといえます。

---

**ぴったり1 じゅんび** 42 ページ

**1** 1、7

**2** 1、5

---

**ぴったり2 練習** 43 ページ
**てびき**

**1** 式　52÷6＝8あまり4
　　　8＋1＝9　　　　　　　　答え　9箱

**2** 式　34÷7＝4あまり6
　　　4＋1＝5　　　　　　　　答え　5こ

**3** 式　50÷9＝5あまり5
　　　5＋1＝6　　　　　　　　答え　6台め

**1** 6本ずつ入れると、箱の数は8、あまったえん筆の数は4です。あまったえん筆を入れる箱がもう1箱いるので、全部で9箱になります。

**2** 7こずつ入れると、かごの数は4、あまったみかんの数は6です。あまったみかんを入れるかごがもう1こいるので、全部で5こになります。

**3** 前から45人めの人が5台めに乗ります。だから、さくらさんまでの5人は次の6台めに乗ることになります。

**おうちのかたへ** 余りをどう処理するかは、日常生活での課題となります。日常生活を算数の場面に生かし、考えさせましょう。

**1** ①6あまり2　②5あまり3

**2** ①8あまり1　②9あまり2
③5あまり2　④7あまり1
⑤8あまり3　⑥6あまり2
⑦7あまり2　⑧9あまり4

**3** 式　40÷6=6あまり4
答え　6箱できて、4こあまる。

**4** 式　55÷9=6あまり1
答え　6本

**5** 式　38÷5=7あまり3
7+1=8
答え　8まい

**6** 式　23÷4=5あまり3
5+1=6
答え　6台め

**はってん**

**1** (1)①1　②1、2　③1、3　④1、4
⑤1、5　⑥1、6　⑦2、0
(2)4、2、月曜日

**1** ①あまりはかならずわる数より小さくなります。
②わる数と答えをかけて、わられる数より大きく
なったらまちがいです。

**2** わる数のだんの九九を使って計算して、あまりも
わすれないようにしましょう。また、答えのたし
かめをすると、まちがいがへります。
①2×8+1=17　②7×9+2=65
③6×5+2=32　④3×7+1=22

**3** 全部の数 ÷ 1箱分の数 = できる箱の数 と考え、
わりきれない分をあまりにします。

**4** 全体の長さ ÷ 1本分の長さ = できる本数
と考え、あまりはいれません。

**5** あまった3本を入れるふくろがもう1まいいるの
で、ふくろは8まいいります。

**6** 前から20人めの人が5台めに乗ります。だから、
ゆかさんまでの3人は次の6台めに乗ります。

**1** 月曜日の日にちを7でわると、
2÷7=0あまり2　　9÷7=1あまり2
16÷7=2あまり2となり、30日と同じように、
あまりが2になります。

> **🏠 おうちのかたへ** 1の余りのあるカレンダーの問題は、思考に適した問題ですし、中学入試でもよく出題されます。
> ほかの問題集で何題か学習させ、余りのある問題の解き方をここでおさえておきましょう。

# ⭐ 算数ワールド

**1** 式　50÷5=10
10+1=11
答え　11

**2** (1)式　9-1=8
8×8=64
答え　64
(2)式　80÷8=10
10+1=11
答え　11

**3** 式　60÷3=20
答え　20

**4** 休けいを3回するので、1度につづけて歩く回
数は4回です。
式　3+1=4
12÷4=3
答え　3km

**1** 問題文の「はしからはしまで」というところに気を
つけましょう。右と左のはしにも木を植えるので、
間の数より木の数は1本多くなります。

**2** (1)さくらの木が9本なので、1本めと9本めの間
の数は8ことなります。
(2)80mの中に8mがいくつあるかをもとめます。
このとき、間の数+1=木の本数になります。

**3** 木を、池のまわりにぐるっと植えるとき、
木の本数=木の間の数となります。

**4** 休けいを3回入れる
ので、1度に歩く回
数は、右の図のよう
に4回になります。

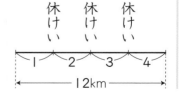

**5** 式　37−16＋1＝22　　　答え　22人

**6** (1)式　6−1＝5
　　　　　4×5＝20　　　　　答え　20 m
　　(2)式　10−1＝9
　　　　　4×9＝36　　　　　答え　36 m

**5** 2人を入れて何人か？というときも、左右のはじに木を植えるときと同じで、1をたします。
（最後の数）−（最初の数）＋1 となります。

**6** くいの打ちはじめから数えていきます。
（くいとくいとの間の数）＝（打った本数）−1
となります。

┌─────────────────────────────────────────┐
│ 🕐 **しあげの5分レッスン**　植木算は、1本道に木を植える場合、（はしの木の数）＝（間の数）＋1 となり、池のまわり
のようにつながっている場合は、（木の数）＝（間の数）となります。問題ごとにこの関係をチェックしましょう。
└─────────────────────────────────────────┘

## 8　10000 より大きい数

**ぴったり1 じゅんび**　**48** ページ

**1** 六千、二万

**2** (1)＜　(2)＝

**3** ①1000　②4000　③7000　④27000

**ぴったり2 練習**　**49** ページ　　てびき

**1** ①二万四千七百九十三
　　②百七十万三千五百

**2** ①39256　②83081004　③58070000

**3** ①＞　②＝

**4** ⓐ6000　ⓘ17000　ⓤ23000

**1** ①2は一万の位の数です。

**2** ②十万の位の0を書き落とさないよう気をつけましょう。

**3** ①9000＋20000＝29000
　　②50 万−30 万＝20 万なので、20 万＝20 万

**4** 10000 を 10 等分しているので、1めもりは 1000 を表しています。

┌─────────────────────────────────────────┐
│ 🏠 **おうちのかたへ**　2つの数の大きさを比べる場合、次のことに注意させましょう。
①けた数が違う場合→けた数の多い数の方が大きい数となります。
②けた数が同じ場合→大きい位の数から順に大きさを比べていきます。
└─────────────────────────────────────────┘

**ぴったり1 じゅんび**　**50** ページ

**1** 100000000

**2** 120、1200

**3** 38

**ぴったり2 練習**　**51** ページ　　てびき

**1** ①100000000
　　②10、大きい

**2** ①600　②1350
　　③5400　④9000

**1** ①1めもりは1を表しています。
　　99999995 より5大きい数なので、位が1つ上がって、100000000 になります。0の数に注意して答えましょう。

**2** 10 倍した数は、もとの数の右はしに0を1つつけた数になります。
　　①60 の右はしに0を1つつけて 600
　　②135 の右はしに0を1つつけて 1350
　　③540 の右はしに0を1つつけて 5400
　　④900 の右はしに0を1つつけて 9000

**❸** ①1900、19000
　　②70000、700000
　　③42000、420000
　　④300万、3000万

**❹** ①3　②80　③96　④100万

100倍することは、10倍した数をさらに10
倍するので、0を2つつけることになります。
1000倍することは、100倍した数をさらに
10倍、つまり、0を3つつけることになります。
①19の100倍は右はしに0を2つつけて19<u>00</u>
　　1000倍は0を3つつけて19<u>000</u>
②700の100倍は右はしに0を2つつけて
　70000
　　1000倍は0を3つつけて700<u>000</u>
③420の100倍は右はしに0を2つつけて
　420<u>00</u>
　　1000倍は0を3つつけて420<u>000</u>
④3万の100倍は3の右はしに0を2つつけて
　<u>300</u>万　または、3万を30000として、
　3000000と答えてもよいです。
　　1000倍は0を3つつけて3000万

❹ 一の位に0がある数を10でわるときは、一の位
の0をとります。
①30の一の位の0をとって3
②800の一の位の0をとって80
③960の一の位の0をとって96
④1000万の1000の0をとって100万
　または、1000万を10000000として、
　1000000と答えてもよいです。このとき、
　0の数に注意しましょう。

---

**ぴったり3　たしかめのテスト**　**52～53ページ**　**てびき**

**❶** ①45679038　②6020507
　　③40020000　④99999
　　⑤500000　⑥100000000

❶ ①の百の位、②の十万の位、千の位、十の位の0
　を落とすことが多いので気をつけましょう。
　何もない位には0をわすれずに書きましょう。
③1000万が4こで4000万、1万が2こで2
　万です。それぞれ数字で表すと、
　4000万→40000000
　　2万→　　　20000
　あわせて、40020000となります。
④まちがえないために、10万を数字で書いてか
　らたしかめてみましょう。
　10万→100000
　　　　　99999　位が1つ下がります。
⑤50を5×10と考えます。
　10000が5こで50000なので、50000
　の10倍の数は、右はしに0を1つつけて、
　500000となります。

**②** ①あ3000 　い14000
　　②う78500 　え80000

**③** ①< 　②> 　③= 　④<

**④** ①10倍…8500
　　100倍…85000
　　1000倍…850000
　　10でわった数…85
　　②10倍…40万
　　100倍…400万
　　1000倍…4000万
　　10でわった数…4000

**⑤** ①6000 　②80000 　③76 　④100

---

⑥1000万を数字で書いてたしかめましょう。
1000万→ 10000000 〉10倍すると位が
100000000 〉1つ上がります。
100000000は、一億といいます。

**②** 数直線では、まず1めもりがいくつを表している
かをたしかめます。
①1めもりは1000 　　②1めもりは500

**③** ①2500+10000＝12500なので、
　　12500＜15200になります。
②40000+9000＝49000なので、
　　490000＞49000になります。
③8000+2000＝10000なので、等しい。
④7000万−3000万＝4000万
　　2000万+3000万＝5000万　なので、
　　4000万＜5000万になります。

**④** 10倍した数は、0を1つ、100倍した数は、
0を2つ、1000倍した数は、0を3つつけます。
10でわった数は、一の位の0をとります。
①850の右はしに0を1つつけると8500
　　850の右はしに0を2つつけると85000
　　850の右はしに0を3つつけると850000
　　850の一の位の0をとると85
②4万→40000と書いてたしかめましょう。
　　40000の右はしに0を1つつけると
　　400000（40万）
　　40000の右はしに0を2つつけると
　　4000000（400万）
　　40000の右はしに0を3つつけると
　　40000000（4000万）
　　40000の一の位の0をとると4000

**⑤** ②76000より4000大きい数を考えます。
③76000を70000と6000に分けます。
　　10000は1000を10こあつめた数なので、
　　70000は1000を70こあつめた数です。
　　6000は1000を6こあつめた数なので、
　　70こと6こで76こです。
④76000は、760に0を2つつけた数なので、
　　100倍した数です。

# ⑨ 円と球

ぴったり1 じゅんび 　54ページ

**1** 4
**2** 3

❶ ①中心　②10　③6

❷ ①5cm　②直線アエ

❸ ①　②

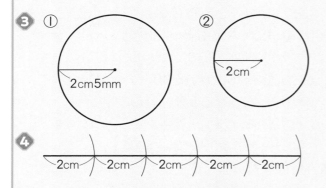

2cm5mm　　2cm

❹

2cm　2cm　2cm　2cm　2cm

❶ ②直径の長さは、半径の長さの2倍なので、
　　5×2＝10で10cmになります。
　③半径の長さは、直径の長さの半分なので、
　　12÷2＝6で6cmになります。

❷ ①円の直径は、正方形の辺の長さの10cmと等
　　しいので、半径は10÷2＝5（cm）になります。
　②円の中心を通る直線がいちばん長くなります。

❸ ①コンパスを2cm5mmの長さに開きます。
　②直径は4cmなので、円の半径は2cmです。
　　コンパスを2cmの長さに開いて、円をかきま
　　す。中心のはりがずれないようにしっかりさし
　　ましょう。

❹ コンパスを2cmの長さに開いて、線の左はしに
　はりをさして1つめの区切りをつけます。
　次に、区切りの上にはりをさして、2つめの区切
　りをつけます。これをくりかえしていきます。

┌─────────────────────────────────────────┐
│ 🕐しあげの5分レッスン ❷のように、正方形の中に円がぴったり入っているとき、正方形の1つの辺の長さと円の │
│ 直径は等しくなります。                                        │
└─────────────────────────────────────────┘

❶ 2倍、8

❷ (1)円　　(2)中心、半径、直径
　(3)アイ、アウ　　(4)3、3

❶ ①

❷ ①円
　②球を半分に切ったとき

❸ ①4cm　②2cm

❶ どこから見ても円に見えるものをさがしましょう。

❷ ①球はどこを切っても、切り口は円になります。
　②半径がもっとも長くなる場合を考えましょう。

❸ ①ボールの直径の長さの3こ分が、12cmになり
　　ます。ボールの直径は、12÷3＝4で4cmに
　　なります。
　②ボールの半径は、直径の長さの半分なので、
　　4÷2＝2で2cmになります。

❶ ①半径　②中心、2　③円　④半径

❷ ①　②

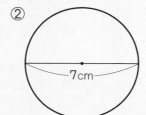

2cm　　　　7cm

❶ それぞれの言葉の意味をきちんとおさえましょう。

❷ コンパスを開いた長さが半径となります。
　①コンパスを2cmに開きます。
　②円をかくには、半径の長さをもとめます。直径
　　が7cmなので、コンパスを3cm5mmに開
　　きます。

③ あ18cm ⓘ6cm

④ ①8cm ②4cm

⑤ ①2cm ②1cm

⑥ ①8cm ②32cm

③ あ円の半径の長さの6こ分が、長方形のあの長さになります。

あの長さは、3×6＝18で18cmになります。

ⓘ円の直径の長さが、長方形のⓘの長さになります。ⓘの長さは、3×2＝6で6cmになります。

④ ①大きい円の直径は16cmなので、半径は16÷2＝8で8cmになります。

②小さい円の直径は、16÷2＝8（cm）、半径は直径の長さの半分なので、8cmの半分で4cmになります。

⑤ ①箱と箱の間のものさしのめもりをよみます。

②半径の長さは、直径の長さの半分なので、2÷2＝1で1cmになります。

⑥ ①球の形をしたおかしの直径の長さの3こ分が、24cmになります。おかしの直径は、24÷3＝8で8cmになります。

②おかしの直径の4こ分が、たての長さになります。たての長さは、8×4＝32で32cmとなります。

# ⑩ かけ算の筆算

**ぴったり1 じゅんび** 60ページ

1 (1)82 (2)51

2 (1)426 (2)108

**ぴったり2 練習** 61ページ                                  てびき

1
① 32
 × 3
 ──
 96

② 46
 × 2
 ──
 92

③ 14
 × 5
 ──
 70

2 ①184 ②249 ③536 ④343 ⑤304
⑥145

1 ②十の位にくり上がった1をたしわすれないように注意しましょう。

2
① 92
 × 2
 ───
 184

② 83
 × 3
 ───
 249

③ 67
 × 8
 ───
 536

④ 49
 × 7
 ───
 343

⑤ 76
 × 4
 ───
 304

⑥ 29
 × 5
 ───
 145

3 式 38×4＝152        答え 152人

4 式 25×8＝200        答え 200円

3 | 1台のバスに乗れる人数 | × | 台数 |
＝ | 乗れる全部の人数 | と考えます。

4 | 1まいのねだん | × | 買ったまい数 | ＝ | 代金 | です。

🏠 **おうちのかたへ** かけ算の筆算で注意すべき点は、次の2点です。
①位をたてにそろえて書き、答えの位も間違えないようにします。
②くり上げた数をたすことを忘れないようにします。

**ぴったり1 じゅんび** 62ページ

1 2、549

2 20、104

❶ ① 243
　　× 2
　　486

② 482
　　× 3
　　1446

❷ ①264　②895　③2484
　④2072　⑤1608　⑥4760

❸ ①86　②48　③224　④350

❹ 式　980×2＝1960　　　答え　1960円

---

❶ 2けたの数にかける筆算と同じように位をそろえて書いてから計算します。

❷ ① 132
　　× 2
　　264

② 179
　　× 5
　　895

③ 621
　　× 4
　　2484

④ 518
　　× 4
　　2072

⑤ 201
　　× 8
　　1608

⑥ 680
　　× 7
　　4760

❸ 筆算を使わずに、答えが出せるようにしましょう。
　①43を40と3に分けて計算します。
　　40×2＝80　　3×2＝6
　　80と6をあわせて86となります。
　②16を10と6に分けて計算します。
　　10×3＝30　　6×3＝18
　　30と18をあわせて48となります。
　④70×5は7×5の10倍と考えて、7×5＝35
　　35の10倍で、70×5＝350です。
　　一の位の0をわすれないようにしましょう。

❹ 1mのねだん × 買った長さ ＝ 代金 と考えます。
　一の位の計算は、0×2＝0なので、十の位から
　計算して、答えに0を1つつけてもよいです。
　98×2＝196なので、980×2＝1960

---

❶ ① 52
　　× 4
　　208

② 604
　　× 2
　　1208

❷ ① 17
　　× 4
　　68

② 31
　　× 5
　　155

③ 95
　　× 7
　　665

④ 46
　　× 9
　　414

⑤ 84
　　× 6
　　504

⑥ 58
　　× 4
　　232

❸ ①826　②558　③4125　④2952
　⑤2812　⑥2030

---

❶ ①「四二が8」の8を一の位、「四五20」の0を十
　の位、2を百の位に書きます。
　②「二四が8」の8を一の位、「二れいが0」の0を
　　十の位、「二六12」の2を百の位、1を千の位
　　に書きます。

❷ 位をきちんとそろえて書きましょう。

❸ かけられる数が3けたでも、一の位からじゅんに、
　くり上がりに注意して計算します。
　① 413
　　× 2
　　826

② 186
　　× 3
　　558

③ 825
　　× 5
　　4125

④ 369
　　× 8
　　2952

⑤ 703
　　× 4
　　2812

⑥ 290
　　× 7
　　2030

**4** ①48 ②249 ③75 ④74 ⑤584 ⑥70

**5** 式　664×7=4648　　　答え　4648円

**6** 式　314×4=1256　1256m=1km256m
　　　　　　　　　　　　答え　1km256m

**7** 式　65×4=260
　　　260×5=1300　　　答え　1300円

**はってん**

**1** ①15000　　②7284

---

**4** ①12を10と2に分けて計算します。
　　10×4=40　　2×4=8
　　40と8をあわせて48となります。
②83を80と3に分けて計算します。
　　80×3=240　　3×3=9
　　240と9をあわせて249となります。
③15を10と5に分けて計算します。
　　10×5=50　　5×5=25
　　50と25をあわせて75となります。

**5** 1箱のねだん × 買った数 = 代金 と考えます。
答えは筆算でもとめましょう。

**6** 1256mと答えないように注意しましょう。

**7** まず1箱分のねだんをもとめます。
65(円)×4(こ)=260(円)
これの5つ分だから、
260(円)×5(箱)=1300(円)

**1** ①　　3　×5=15
　　　　↓1000倍　↓1000倍
　　　3000×5=15000

②　　3642
　　×　　　2
　　　　　　4
　　　　　80
　　　1200
　　　6000
　　　7284

---

# ⑪ 重さ

**ぴったり1 じゅんび**　　**66**ページ

**1** 10、350
**2** g、1、700
**3** 1、300

---

**ぴったり2 練習**　　**67**ページ　　　　　　　　　**てびき**

**1** 30g

**2** ①780g　②3kg400g(3400g)

**3** 1kg50g

**1** 1gの30こ分なので、30gになります。

**2** 1めもりの大きさに注意しましょう。
①1めもりは10g　②1めもりは100gです。

**3** あわせた重さなので、200g+850g=1050g
1050gは1000gと50gをあわせた重さです。単位をなおすときはとくに注意しましょう。
1kg=1000gなので、1050g=1kg50g。

25

④ 2kg 200g

④ まず、はかりを見て重さをたしかめます。
かごの重さを入れて2kg700gだから、かごの
重さをひけばりんご10こ分の重さになります。
かごの重さは500gなので、
2kg700g−500g＝2kg200gとなります。

**1**

| | キロ k | | | | デシ d | センチ c | ミリ m |
|---|---|---|---|---|---|---|---|
| 重さ | 1kg | (100g) | (10g) | 1g | | | |
| 長さ | 1km | (100m) | (10m) | 1m | | 1cm | 1mm |
| かさ | | (100L) | (10L) | 1L | 1dL | | 1mL |

**2** (1)1000 (2)1000

**3** 2000

てびき

**1** ①1000 ②1000 ③10 ④100 ⑤100

**1** ①1kgは1gの1000倍です。
②1kmは1mの1000倍です。
③1Lは1dLの10倍です。
④1kmは10mの100倍です。
⑤1kgは10gの100倍です。

**2** ①100 ②1000 ③10 ④1000 ⑤1000

**2** ①1mは1cmを100こあつめた長さです。
②1kgは1gを1000こあつめた重さです。
③1Lは1dLを10こあつめたかさです。
④1mは1mmを1000こあつめた長さです。
⑤1Lは1mLを1000こあつめたかさです。

**3** ①5000 ②4 ③10000

**3** 1t＝1000kgをもとに考えます。
①1t＝1000kg　②1000kg＝1t
（5倍 5倍）　　　（4倍 4倍）
5t＝5000kg　　4000kg＝4t
③10tは1tの10倍なので、1000kgの10
倍で10000kgになります。

てびき

**1** ①1めもり…10g、重さ…90g
②1めもり…100g、重さ…400g
③1めもり…10g、重さ…710g
④1めもり…100g、重さ…2kg800g

**1** 数字が書かれているめもりから、1めもりが何g
を表しているかを調べます。
①③200gが20等分されています。
②④1kgが10等分されています。

**2** ①g ②kg ③t

**2** 身のまわりの物を思いうかべて、どんな単位にな
るか考えましょう。

**3** ①3000g ②4700g ③2kg830g
④1kg97g

**3** 1kg＝1000gをもとに考えます。
②4kgは4000gなので、4000gと700g
で4700gになります。
③2000gは2kgなので、2kg830gです。
④1000gは1kgなので、1kg97gになります。

④ 式　900 g−150 g=750 g　答え　750 g

⑤ 式　1 kg 800 g−700 g＝1 kg 100 g
　　　　　　　　　　答え　1 kg 100 g

⑥ 式　350 g×4＝1400 g
　　　1400 g＝1 kg 400 g
　　　　　　　　　答え　1 kg 400 g

⑦ ①1　②2　③5

④ 全体の重さから入れ物の重さをひいて、さとうの重さをもとめます。

⑤ まず、はかりのめもりをよんでそれぞれの重さを調べます。かごだけの重さは700 g、かごに入ったボールの重さは1 kg 800 g です。かごに入ったボールの重さから、かごだけの重さをひけば、ボールだけの重さになります。

⑥ 同じ重さの4つ分の重さをもとめるので、かけ算を使います。何 kg 何 g と聞いているので、1400 g としないように注意しましょう。

⑦ 身近にあるものの長さ、重さをはかってみましょう。

┌─────────────────────────────────────────────┐
│ ⏱ しあげの5分レッスン　③の問いのように、重さや長さ、かさの単位を書くときは、もとにする単位の何倍になる
│ かを考えます。「k」は1000倍、「mm」、「mL」は $\frac{1}{1000}$ の大きさです。
│ このチェックだけで、単位のしくみが理かいできるので、この単元全部をチェックしてみましょう。
└─────────────────────────────────────────────┘

# ⑫ 分数

**ぴったり1　じゅんび　72ページ**

1　$\frac{2}{5}$

2　$\frac{3}{4}$

3　(1)＜　　(2)＜

**ぴったり2　練習　73ページ**　　てびき

❶ ①
　| Im |
　②
　| Im |

❷ ①$\frac{4}{5}$　②4　③1

❸ ①$\frac{6}{7}$　②$\frac{4}{10}$　③1　④1

❶ ①$\frac{1}{4}$ m は $\frac{1}{4}$ m の1こ分なので、めもりの1こ分をぬります。

　②$\frac{3}{8}$ m は $\frac{1}{8}$ m の3こ分なので、めもりの3こ分をぬります。

❷ ①$\frac{1}{5}$ g を4こあつめた重さは、$\frac{4}{5}$ g です。

　②$\frac{4}{7}$ m は $\frac{1}{7}$ m を4こあつめた長さです。

　③$\frac{1}{2}$ L の2こ分のかさと1L は同じになります。

❸ ①$\frac{5}{7}$ は $\frac{1}{7}$ が5こ分、$\frac{6}{7}$ は $\frac{1}{7}$ が6こ分なので、$\frac{6}{7}$ のほうが大きいです。

　③分数の分母と分子が同じ数のときは、1です。

　④1は $\frac{1}{4}$ が4こ分、$\frac{3}{4}$ は $\frac{1}{4}$ が3こ分なので、1のほうが大きいです。

**4** ① $<$  ② $=$  ③ $>$  ④ $>$

**4** ① $\frac{9}{10}$ は $\frac{1}{10}$ が9こ分なので、$\frac{1}{10}<\frac{9}{10}$ です。

② 1は $\frac{10}{10}$ なので、$1=\frac{10}{10}$ となります。

③ $\frac{9}{8}$ は $\frac{1}{8}$ が9こ分、$\frac{7}{8}$ は $\frac{1}{8}$ が7こ分なので、$\frac{9}{8}>\frac{7}{8}$ となります。

④ $\frac{3}{4}$ は $\frac{1}{4}$ が3こ分なので、$\frac{3}{4}>0$ となります。

---

**ぴったり1 じゅんび** 74ページ

**1** 1

**2** $\frac{1}{3}$

---

**ぴったり2 練習** 75ページ                                    てびき

**1** ① $\frac{2}{3}$  ② $\frac{6}{9}$  ③ $\frac{7}{8}$  ④ $\frac{5}{6}$  ⑤ 1  ⑥ 1

**1** ① $\frac{1}{3}$ をもとにして考えると、$\frac{1}{3}$ が(1+1)こ分。

② $\frac{1}{9}$ をもとにして考えると、$\frac{1}{9}$ が(4+2)こ分。

⑤ $\frac{1}{7}$ をもとにして考えると、$\frac{1}{7}$ が(4+3)こ分で、$\frac{7}{7}=1$ となります。

⑥ $\frac{1}{10}$ をもとにして考えると、$\frac{1}{10}$ が(5+5)こ分で、$\frac{10}{10}=1$ となります。

**2** ① $\frac{4}{7}$  ② $\frac{2}{5}$  ③ $\frac{6}{10}$  ④ $\frac{1}{9}$  ⑤ $\frac{1}{6}$  ⑥ $\frac{4}{8}$

**2** ① $\frac{1}{7}$ をもとにして考えると、$\frac{1}{7}$ が(5-1)こ分。

② $\frac{1}{5}$ をもとにして考えると、$\frac{1}{5}$ が(4-2)こ分。

⑤⑥ 1を分数で表します。

⑤ $1=\frac{6}{6}$ なので、$\frac{6}{6}-\frac{5}{6}$ を計算します。

$\frac{1}{6}$ が(6-5)こ分で、$\frac{1}{6}$ となります。

⑥ $1=\frac{8}{8}$ なので、$\frac{8}{8}-\frac{4}{8}$ を計算します。

$\frac{1}{8}$ が(8-4)こ分で、$\frac{4}{8}$ となります。

**3** ①式 $\frac{2}{7}+\frac{3}{7}=\frac{5}{7}$     答え $\frac{5}{7}$ L

②式 $\frac{3}{7}-\frac{2}{7}=\frac{1}{7}$     答え $\frac{1}{7}$ L

**3** あわせたかさはたし算でもとめ、ちがいはかさの多いほうから少ないほうをひいてもとめます。

**1** ① $\frac{5}{6}$ m　② $\frac{2}{5}$ m　③ $\frac{3}{4}$ m

**2** (1)① $\frac{5}{7}$　② 1　(2) 5

**3** ① $\frac{3}{6}$　② 9　③ $\frac{6}{7}$　④ 5

**4** ① <　② >　③ =　④ >

**5** ① $\frac{4}{5}$　② $\frac{8}{9}$　③ $\frac{6}{10}$　④ 1　⑤ $\frac{6}{9}$　⑥ $\frac{2}{6}$
　⑦ $\frac{1}{2}$　⑧ $\frac{5}{7}$

**1** ①1mを6等分した5こ分の長さだから、$\frac{5}{6}$ m

②1mを5等分した2こ分の長さだから、$\frac{2}{5}$ m

③1mを4等分した3こ分の長さだから、$\frac{3}{4}$ m

**2** (1)① $\frac{1}{7}$ が5つ分なので、$\frac{5}{7}$ です。

② $\frac{1}{7}$ が7つ分なので、$\frac{7}{7}=1$ です。

(2) $1=\frac{7}{7}$ より、$\frac{1}{7}$ をもとにして考えます。

**3** ③ $\frac{1}{7}$ を6こあつめた数は $\frac{6}{7}$ です。

④1になるのは、分母と分子が同じ数のときです。

分母が5なので、1になるのは $\frac{5}{5}$ で、$\frac{1}{5}$ を5

こあつめた数です。

**4** ①②分母が同じ数のときは、分子が大きいほうが

大きくなります。

③この場合の1は $\frac{7}{7}$ なので、大きさは同じにな

ります。

④0は何もないことを表すので、$\frac{1}{4}$ のほうが大

きくなります。

**5** ① $\frac{1}{5}$ をもとにして考えると、$\frac{1}{5}$ が$(2+2)$こ分。

② $\frac{1}{9}$ をもとにして考えると、$\frac{1}{9}$ が$(5+3)$こ分。

④ $\frac{1}{8}$ をもとにして考えると、$\frac{1}{8}$ が$(6+2)$こ分

で $\frac{8}{8}$ となります。$\frac{8}{8}=1$ なので、答えは1に

なります。

⑤ $\frac{1}{9}$ をもとにして考えると、$\frac{1}{9}$ が$(8-2)$こ分。

⑥ $\frac{1}{6}$ をもとにして考えると、$\frac{1}{6}$ が$(5-3)$こ分。

⑦ $1=\frac{2}{2}$ なので、$\frac{2}{2}-\frac{1}{2}$ を計算します。

$\frac{1}{2}$ が$(2-1)$こ分で $\frac{1}{2}$ となります。

⑧ $1=\frac{7}{7}$ なので、$\frac{7}{7}-\frac{2}{7}$ を計算します。

$\frac{1}{7}$ が$(7-2)$こ分で $\frac{5}{7}$ となります。

**6** 式　$\dfrac{6}{10}+\dfrac{2}{10}=\dfrac{8}{10}$

　　$\dfrac{8}{10}-\dfrac{3}{10}=\dfrac{5}{10}$　　　答え　$\dfrac{5}{10}$ L

**6** はじめに、ポットに入れた水のかさをもとめます。

$\dfrac{6}{10}+\dfrac{2}{10}=\dfrac{8}{10}$ で、$\dfrac{8}{10}$ L 入っています。

ここから使ったかさをひくと、のこりのかさがもとめられます。$\dfrac{8}{10}-\dfrac{3}{10}=\dfrac{5}{10}$ です。

# ⓭ 三角形

**1** ③、3、⑥

**2** 等しい

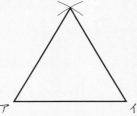

　　　　　　てびき

**1** 二等辺三角形…③　　正三角形…⑰

**2** ①

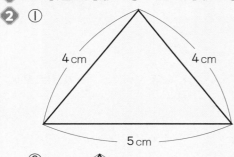

②

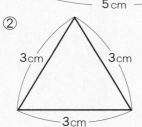

**3** 二等辺三角形

**1** コンパスで辺の長さをはかります。二等辺三角形は2つの辺の長さが等しくなっている三角形、正三角形は3つの辺の長さがすべて等しくなっている三角形です。

**2** ①二等辺三角形は、次のようにしてかきます。

　5cm の長さの辺アイをかきます。ア、イを中心にして、半径4cm の円をそれぞれかきます。コンパスの線が交わった点ウとア、イの点をそれぞれ直線でむすびます。

②正三角形のかき方も、二等辺三角形と同じです。

**3** おり紙をアイの線で切って開くと、2つの辺の長さが等しくなっている三角形ができるので、二等辺三角形です。

**1** 辺、⑥

**2** 二等辺三角形

**3** 3、⑰、⑦

てびき

**1** ①か ②き ③く

**1** 重ねると下のようになります。
①かの角のほうが大きい角です。
②二等辺三角形なので、
　かときの角は等しい。
③うとくはどちらも直角です。

**2** い、う、あ

**2** 辺の開き方が大きいほど角も大きくなります。

**3** ①い、正三角形　②あ、二等辺三角形

**3** あは２つの辺の長さが等しい三角形なので、二等辺三角形です。二等辺三角形は２つの角の大きさが等しくなっています。またいは３つの辺の長さが等しい三角形なので、正三角形です。正三角形は３つの角の大きさがすべて等しくなっています。

**しあげの5分レッスン** 二等辺三角形や正三角形には、辺の長さが等しいだけでなく、角の大きさが等しいことも問われます。それらをチェックし、三角形がどうちがうのかを調べましょう。

てびき

**1** 二等辺三角形…う、お　正三角形…あ、え

**1** コンパスを使って、辺の長さをくらべましょう。

**2** ①２cm　②４cm

**2** ①正三角形は、３つの辺の長さがすべて等しい三角形なので、あの長さもほかの辺と同じです。
②二等辺三角形は、２つの辺の長さが等しい三角形なので、２cmか４cmのどちらかの辺と等しい長さです。図を見ると、４cmです。

**3** ①　　　　　　②

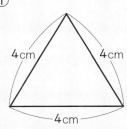
正三角形

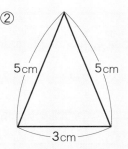
二等辺三角形

**3** ①３つの辺の長さが等しい三角形なので、正三角形です。
②２つの辺の長さが等しい三角形なので、二等辺三角形です。

**4** ①あ、え、お　②し、そ
③(1)…二等辺三角形、(2)…正三角形

**4** (1)、(2)とも同じ形の三角定規を２つ組みあわせたものです。
②右の図のように、しとそは、さの角の２つ分の大きさです。

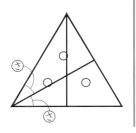

③(1)は、⑧と⑳の角の大きさが同じなので、2つの角の大きさが等しくなっている三角形といえます。

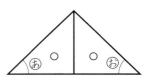

(2)は、⑤＋⑦の角の大きさと、⑥、⑦の角の大きさが等しいので、3つの角の大きさがすべて等しくなっている三角形といえます。

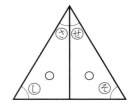

⑤ ①12 cm　②13 cm

⑤ ①正三角形は3つの辺の長さがすべて等しい三角形なので、1つの辺の長さは、まわりの長さ36 cmを3等分した長さです。
36÷3＝12で12 cmになります。

②二等辺三角形は、2つの辺の長さが等しい三角形なので、はじめに、まわりの長さ36 cmから10 cmをひいて、のこりの長さを2等分すると、等しい2つの辺の長さがもとめられます。
36－10＝26(cm)、26÷2＝13でのこりの2つの辺の長さは13 cmになります。

# ⑭ □を使った式と図

**ぴったり1 じゅんび** 84ページ

1 ①11　②21　③10　④10
2 ①8　②7　③56　④56

**ぴったり2 練習** 85ページ

てびき

1 式　7＋□＝15　　　　　答え　8こ

1 持っていた数＋もらった数＝全部の数と考えます。もらった数を□として、上の式にあてはめます。□は、15－7＝8でもとめられます。

2 ①37　②11　③27　④50

2 ①52－15＝37　②90－79＝11
③19＋8＝27　④6＋44＝50

3 式　□×4＝84　　　　　答え　21こ

3 1箱のクッキーの数×箱の数＝全部の数です。1箱のクッキーの数を□として、上の式にあてはめると、□は、84÷4＝21でもとめられます。

4 ①6　②9　③64　④54

4 ①42÷7＝6　②81÷9＝9
③8×8＝64　④9×6＝54

🏠 **おうちのかたへ** たし算とひき算、かけ算とわり算は、逆算の関係にあることを理解させましょう。

❶ ①あ15−8　い7＋8　う8　え8
　②あ18÷3　い6×3　う3　え3

❷ ①42　②16　③45　④71　⑤6　⑥4
　⑦21　⑧10

❸ ①□−23＝26　②49

❹ ①6×□＝24　②4

❺ ①え、36　②い、15　③う、4　④あ、9

❶ ①たし算とひき算の関係を思い出しましょう。
　②かけ算とわり算の関係を思い出しましょう。

❷ ①67−25＝42　②64−48＝16
　③29＋16＝45　④12＋59＝71
　⑤24÷4＝6　　⑥28÷7＝4
　⑦3×7＝21　　⑧5×2＝10

❸ ① もとの数 − 食べた数 ＝ のこりの数 と考えま
　　す。もとの数を□として上の式にあてはめます。
　② □にあてはまる数は、26＋23＝49

❹ ① 1人分の数 × 人数 ＝ 全部の数 と考えます。
　　人数を□として、上の式にあてはめます。
　② □にあてはまる数は、24÷6＝4

❺ ① 全部の数 ÷ 人数 ＝ 1人分の数 の関係になり
　　ます。
　　□にあてはまる数は、12×3＝36
　② 全部の数 − あげた数 ＝ のこりの数 の関係に
　　なります。
　　□にあてはまる数は、12＋3＝15
　③ 1人分の数 × 人数 ＝ 全部の数 の関係になり
　　ます。
　　□にあてはまる数は、12÷3＝4
　④ はじめの数 ＋ もらった数 ＝ 全部の数 の関係
　　になります。
　　□にあてはまる数は、12−3＝9

# 15 小数

❶ 3、0.4、3.4
❷ ①4　②3　③40　④43

❶ ①　　　　　②　　　　　
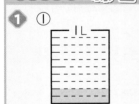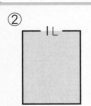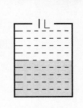

❷ ①0.9 cm　②6.2 cm　③12.1 cm

❶ ①0.2 L は 0.1 L の 2 こ分なので、めもりの 2
　　こ分をぬります。
　②1.5 L は 1 L と 0.5 L をあわせたかさなので、
　　1 L を全部と、もう一方は、0.1 L のめもり 5
　　こ分をぬります。

❷ ①1 mm は、1 cm を 10 等分した 1 こ分なので、
　　0.1 cm と表します。9 mm は 1 mm の 9 こ分
　　なので、0.9 cm になります。
　②6 cm 2 mm ですが、2 mm＝0.2 cm より
　　6.2 cm になります。
　③12 cm 1 mm＝12.1 cm です。

**③** ①4、4 ②8、3 ③6.9 ④32.7

**④** ①6.3 ②74.5

**⑤** ①< ②> ③<

---

**③** ①4.4 L は 4 L と 0.4 L をあわせたかさです。
　 I dL＝0.1 L なので、0.4 L＝4 dL です。

②8.3 cm は 8 cm と 0.3 cm をあわせた長さです。I mm＝0.1 cm なので、0.3 cm＝3 mm です。

③9 dL は、I dL＝0.1 L より 0.9 L なので、6 L と 0.9 L で 6.9 L です。

④7 mm は、I mm＝0.1 cm より 0.7 cm なので、32 cm と 0.7 cm で 32.7 cm です。

**④** ①I が 6 こで 6、0.1 が 3 こで 0.3。6 と 0.3 で 6.3 になります。

②0.1 が I00 こで I0 なので、0.1 が 700 こで 70 です。0.1 が 40 こで 4、0.1 が 5 こで 0.5 なので、70 と 4 と 0.5 で 74.5 になります。

**⑤** ①0.4 は 0.1 が 4 こ、I.3 は 0.1 が I3 こなので、I.3 のほうが大きい数です。

②整数部分で大きさをくらべます。II と 9 では II のほうが大きいので、II.I のほうが大きい。

③0.5 は 0.1 が 5 こです。0.5 は何もないことを表す 0 より大きい数です。

---

ぴったり1 じゅんび　**90** ページ

**1** 10
**2** 8.4

---

ぴったり2 練習　**91** ページ　**てびき**

**1** ①0.7 ②19.9 ③10.3 ④1.2 ⑤7 ⑥30.3

**1** 位をたてにそろえて書き、整数のときと同じように計算します。答えの小数点は、上の小数点の位置にそろえてうちます。

$$⑤ \begin{array}{r} 2.6 \\ +4.4 \\ \hline 7.0 \end{array} \qquad ⑥ \begin{array}{r} 5.3 \\ +25.0 \\ \hline 30.3 \end{array}$$

**2** ① 3.6 ＋14.6 ＝18.2　② 59.9 ＋0.1 ＝60.0　③ 228 ＋3.2 ＝231.2

**2** ②小数点より右のさいごの 0 と小数点は消して、60 とします。

③228 は、228.0 と考えて位をたてにそろえて計算します。

**3** ①5.1 ②12.5 ③0.8 ④8 ⑤2.8 ⑥44.4

**3** 小数のひき算も、位をたてにそろえて書き、整数のときと同じように計算します。

$$④ \begin{array}{r} 9.5 \\ -1.5 \\ \hline 8.0 \end{array} \quad ⑤ \begin{array}{r} 6.0 \\ -3.2 \\ \hline 2.8 \end{array} \quad ⑥ \begin{array}{r} 52.0 \\ -7.6 \\ \hline 44.4 \end{array}$$

**4** ① 3.4 －0.8 ＝2.6　② 20.4 －7.7 ＝12.7　③ 9 －4.2 ＝4.8

**4** ③9 を 9.0 と考えて筆算をしましょう。右のようなまちがいに注意しましょう。

$$\begin{array}{r} \cancel{9} \\ -4.2 \\ \hline \cancel{4.7} \end{array}$$

**❶** ①1　②4、2　③2.9　④80.5

**❷** ①10.9　②6.7　③10

**❸** ①＞　②＜　③＞　④＞

**❹** ①4.6　②9.7　③19.9　④4.1　⑤0.3　⑥0.1

**❺** ①10　②40.8　③134.7　④4.8　⑤40.2　⑥29.7

**❻** 式　3.7＋0.3＝4.0　　　　答え　4kg

**❼** ①式　3.8＋1.7＝5.5　　　答え　5.5m
　　②式　7−5.5＝1.5　　　　答え　1.5m

---

**❶** ③1dL＝0.1Lなので、9dL＝0.9L。
　2Lと0.9Lで2.9Lです。
　④1mm＝0.1cmなので、5mm＝0.5cm。
　80cmと0.5cmで80.5cmです。

**❷** ①1が10こで10、0.1が9こで0.9。
　10と0.9で10.9になります。
　②0.1が10こで1なので、0.1が60こで6に
　なります。0.1が7こで0.7なので、6と0.7
　で6.7です。
　③0.1が10こで1

　　10倍↓　　　　　↓10倍

　0.1が100こで10

**❸** ①整数部分をくらべると、10と9なので、10.1
　のほうが大きくなります。
　②0.1の10こ分が1なので、1のほうが大きく
　なります。
　③0.8を分数になおすと$\frac{8}{10}$なので、0.8のほ
　うが大きくなります。
　④1.9を分数になおすと$\frac{19}{10}$なので、1.9のほ
　うが大きくなります。

**❹**
① 1.2 ＋3.4 ＝4.6　　② 9.1 ＋0.6 ＝9.7　　③ 7.4 ＋12.5 ＝19.9
④ 4.3 −0.2 ＝4.1　　⑤ 0.9 −0.6 ＝0.3　　⑥ 8.2 −8.1 ＝0.1

**❺** ①小数点より右のさいごの0と.（小数点）は消し
　て10とします。
① 5.1 ＋4.9 ＝10.0　　② 6.8 ＋34.0 ＝40.8　　③ 125.0 ＋9.7 ＝134.7
④ 7.3 −2.5 ＝4.8　　⑤ 50.1 −9.9 ＝40.2　　⑥ 36.0 −6.3 ＝29.7

**❻** 野さいの重さ＋箱の重さ＝全体の重さ
　と考えます。4.0の0と.（小数点）は消して4kg
　と答えます。

**❼** ①切り取った3.8mと1.7mのひもの長さをた
　します。
　②はじめの長さ7mから①でもとめた長さをひ
　きます。

# 16 2けたの数のかけ算

ぴったり1 じゅんび　94ページ

1 (1)8、80　(2)40、400
2 (1)63、630　(2)75、750

ぴったり2 練習　95ページ

**てびき**

1 ①90　②120　③280　④450　⑤100
⑥540

1 ①3×30 の答えは、3×3 の答えを 10 倍した数なので、3×3 を計算して、答えの右はしに 0 を 1 つつけます。同じように、②2×6、③7×4、④9×5、⑤5×2、⑥6×9 を計算して、答えの右はしに 0 を 1 つつけます。

2 ①240　②960　③320　④540　⑤920
⑥900

2 ①と同じように考えて、①12×2、②32×3、③16×2、④27×2、⑤23×4、⑥30×3 を計算して、答えの右はしに 0 を 1 つつけます。

3 式　8×30＝240　　　答え　240こ

3 1箱分の数 × 箱の数 ＝ 全部の数 と考えます。
答えをもとめるときは、8×3＝24 と計算して、24 の右はしに 0 を 1 つつけて 240 とします。

4 式　14×40＝560　　　答え　560こ

4 答えをもとめるときは、14×4＝56 と計算して、56 の右はしに 0 を 1 つつけて 560 とします。

ぴったり1 じゅんび　96ページ

1 78、819
2 128、1376

ぴったり2 練習　97ページ

**てびき**

1
```
①  43      ②  13      ③  28
  ×21        ×76        ×32
   43         78         56
  86         91         84
  903        988        896
```

1 2けたの数に 2けたの数をかける筆算も、今までと同じようにそれぞれの位をたてにそろえて計算します。

2 ①351　②954　③432

2 かける数の一の位の数、十の位の数をじゅんにかけて、それらの答えをたします。
```
①  27      ②  18      ③  36
  ×13        ×53        ×12
   81         54         72
  27         90         36
  351        954        432
```

3
```
①  63      ②  35      ③  84
  ×47        ×78        ×32
  441        280        168
 252        245        252
 2961       2730       2688
```

3 とちゅうの計算が 3けたになるかけ算です。
くり上がりが多くなってくるので、くり上がった数のたし算をわすれないように気をつけましょう。

**4** ①5037 ②828 ③3034

**4**
```
①   73      ②   18      ③   37
   ×69         ×46         ×82
   657         108          74
   438          72         296
  5037         828        3034
```

---

**ぴったり1 じゅんび** 98ページ

**1** 3330

**2** 406、5481

---

**ぴったり2 練習** 99ページ ・・・てびき

**1** ①980 ②2240 ③230 ④440

**2**
```
①   214     ②   139     ③   154
   × 44        × 36        × 56
    856         834         924
    856         417         770
   9416        5004        8624
```

**3** ①11466 ②12191 ③9400
　④41756 ⑤11913 ⑥58800

---

**1** ①計算のとちゅうをはぶくことができます。

```
①   49              49
   ×20             ×20
   00 ←ここをはぶく    980 ←この0をわすれない
   98    ことができます。        ようにしましょう。
  980
```

②③かけられる数とかける数を入れかえても答え
は同じなので、②は 56×40、③は 46×5 と
して計算しても答えは同じです。

```
②   40      56     ③   5      46
   ×56  ➡  ×40       ×46  ➡  × 5
   240     2240       30       230
   200                20
  2240               230
```

④11×8×5＝11×40＝440

**2** 3けたの数に2けたの数をかける筆算も、それぞ
れの位をたてにそろえて計算します。

**3** 筆算のとちゅうの計算の位がずれないように気を
つけましょう。

```
①   234     ②   167     ③   376
   × 49        × 73        × 25
   2106         501        1880
    936        1169         752
  11466       12191        9400

④   803     ⑤   209     ⑥   700
   × 52        × 57        × 84
   1606        1463        2800
   4015        1045        5600
  41756       11913       58800
```

**❶** 10、10、690

**❷** ①　　42
　　　×32
　　　　84
　　　126
　　　1344

②　　302
　　　×　80
　　24160

**❸** ①320　②680　③720

**❹** ①384　②338　③798　④5727
　　⑤2280　⑥2624

**❺** ①1560　②3100　③581

**❻** ①2829　②6930　③14700　④19076
　　⑤39396　⑥42500

---

**❶** 23×30の答えは、23×3の答え69の10倍の数になります。

**❷** ①まちがっているか所は、十の位の計算で位がずれているところです。
②まちがっているか所は、一の位の計算で、はぶいた0を書きわすれているところです。

**❸** ①4×80の答えは、4×8の答えを10倍した数です。4×8＝32なので、32の右はしに0を1つつけて320となります。
②34×20の答えは、34×2の答えを10倍した数です。34×2＝68なので、68の右はしに0を1つつけて680となります。
③12×60の答えは、12×6の答えを10倍した数です。12×6＝72なので、72の右はしに0を1つつけて720となります。

**❹** 位がずれないように注意して計算しましょう。

①　　12
　　×32
　　　24
　　36
　　384

②　　26
　　×13
　　　78
　　26
　　338

③　　14
　　×57
　　　98
　　70
　　798

④　　83
　　×69
　　747
　　498
　　5727

⑤　　95
　　×24
　　380
　　190
　　2280

⑥　　32
　　×82
　　　64
　　256
　　2624

**❺** ②③は、かけられる数とかける数を入れかえて計算します。

①　　39
　　×40
　　1560

②　　62
　　×50
　　3100

③　　83
　　×　7
　　581

この0をわすれないようにしましょう。

**❻**
①　　123
　　×　23
　　　369
　　246
　　2829

②　　315
　　×　22
　　　630
　　630
　　6930

③　　196
　　×　75
　　　980
　　1372
　　14700

④　　502
　　×　38
　　4016
　　1506
　　19076

⑤　　804
　　×　49
　　7236
　　3216
　　39396

⑥　　500
　　×　85
　　2500
　　4000
　　42500

**7** 式　180×26＝4680
　　5000−4680＝320　　答え　320円

**7** まず、シュークリームの代金をもとめます。
180×26＝4680（円）なので、5000円から4680円をひくと、おつりがもとめられます。

**8** ⓘ、ⓤ

**8** 屋上までのだん数125だん、1だん分の高さ12cmを使って、かけ算でもとめます。
12×125＝1500（cm）なので、ビルの高さは1500cm＝15mとなります。

🏠 **おうちのかたへ**　**8** の問題のように、算数を使って、物のおよその高さ、長さ、かさを求めることができるようにさせたいものです。他の物のおよその高さなどを求めさせて、算数感覚を育ててください。

# 17 倍の計算

## ぴったり1 じゅんび　102ページ

**1** ①8　②2　③16　④16
**2** 21、7、7
**3** □×4、5、5

## ぴったり2 練習　103ページ　てびき

**1** ①35cm　②9倍　③4　④6m

**1** ①5×7＝35　　35cm
②何倍かをもとめるときは、わり算を使います。
　27÷3＝9　　9倍
③□を4倍すると16になるから、
　□×4＝16
　　□＝16÷4＝4　　4
④□mの2倍が12mだから、
　□×2＝12
　　□＝12÷2＝6　　6m

**2** 式　28÷7＝4　　　　　答え　4倍

**2** 28cmは、7cmのいくつ分になるかをもとめるので、わり算を使ってもとめます。

**3** 式　子どものあざらしの体重を□kgとして考える。
　□×8＝64　　　　　答え　8kg

**3** 子どものあざらしの体重を□kgとして、かけ算の式に表して考えます。
□×8＝64
　□＝64÷8＝8　　8kg

## ぴったり3 たしかめのテスト　104〜105ページ　てびき

**1** ①12cm　②60cm　③10倍

**1** ①ⓐのひもの長さ（6cm）の2倍なので、
　6×2＝12より12cmです。
②ⓘのひもの長さ（12cm）の5倍なので、
　12×5＝60より60cmです。
③ⓤのひもの長さは60cm、ⓐのひもの長さは6cmなので、60÷6＝10より10倍です。

**②** ①32 ②6 ③8 ④2 ⑤7

**③** 式　42÷6＝7　　　　　　　答え　7倍

**④** 式　45×8＝360
　　　360 cm＝3m 60 cm
　　　　　　　　　　　答え　3m 60 cm

**⑤** ①5点　②3倍　③こころさん

**②** ①8×4＝□だから、□＝32
　　②5×□＝30
　　　　□＝30÷5＝6
　　③7×□＝56
　　　　□＝56÷7＝8
　　④□×3＝6
　　　　□＝6÷3＝2
　　⑤□×7＝49
　　　　□＝49÷7＝7

**③** 42 cm は、6 cm のいくつ分かをもとめます。

**④** 「何 m 何 cm でしょうか」と聞いているので、360 cm と答えないように注意しましょう。

**⑤** ①けんとさんの点数を□点として考える。
　　　□×4＝20
　　　　□＝20÷4＝5　　5点
　　②あおいさんの点は 15 点、けんとさんの点は①より 5 点だから、
　　　15÷5＝3　　3倍
　　③8×3＝24 だから、24 点の人はこころさんです。

# ⑱ そろばん

**ぴったり1 じゅんび　106ページ**

**1** 7、4、147
**2** 1、0.1、0.3

**ぴったり2 練習　107ページ**　　　　　　てびき

**❶** ①712　②4801　③1050

**❷** ①あ2　い1
　　②あ1　い2

**❸** ①12　②39　③44　④9　⑤13万
　　⑥8万　⑦3.7　⑧0.7

**❶** ②の十の位、③の百の位、一の位はたまがはらってあるので0です。右の定位点が一の位です。

**❷** ①2をとって、10を入れます。
　　②10をとって、とりすぎた7を入れます。

**❸** 定位点をかくにんして、一の位を決めてから計算しましょう。

**🏠おうちのかたへ** そろばんでは、筆算の計算のしかたとは逆に、大きな位から計算します。

**❶** (1)右のグラフ

(2)9人、2倍

(3)ⓘ、ⓤ

(4)①ⓘ、物語を読ん
だ人は18人で
いちばん多い。

②ⓤ、物語を読ん
だ人は18人、
でん記を読んだ
人は10人で、
8人多い。

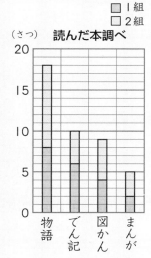

（さつ）　**読んだ本調べ**

□1組
□2組

物語　でん記　図かん　まんが

**❷** (1)式　3m70cm−(2m+80cm)=90cm

答え　90cm

(2)ⓤ

(3)ⓘ

**❶** (1)それぞれのしゅるいの本を読んだ人は、

物語　　8+10=18（人）

でん記　6+4=10（人）

図かん　4+5=9（人）

まんが　2+3=5（人）

(2)読んだ人数のちがいは、

18−9=9（人）　18÷9=2（倍）

(3)ⓐ1組…8+6+4+2=20（人）

2組…10+4+5+3=22（人）

で、2組のほうが多い。

ⓔでん記と図かんを読んだ人の合計は

10+9=19（人）で、1人多い。

**❷** (1)ベッドとドアのすき間の長さを考えるから、み
うさんの部屋の横の長さは3m70cm、ベッ
ドの長さは2m、ドアの長さは80cmより、
3m70cm−(2m+80cm)でもとめられま
す。

単位をそろえて考えると、

3m70cm=370cm、2m=200cmだから、

370cm−(200cm+80cm)=90cm

(2)ベッドとドアのすき間は90cmだから、横の
長さが90cmより短いたなは、間におくこと
ができます。

(3)ピアノとドアのすき間の長さを考えるから、み
うさんの部屋のたての長さは3m、ピアノの長
さは1m50cm、ドアの長さは80cmより、
3m−(1m50cm+80cm)でもとめられます。

単位をそろえて考えると、

3m=300cm、1m50cm=150cmだから、

300cm−(150cm+80cm)=70cm

横の長さが70cmより短いたなは、ⓘ

# 3年のまとめ

**1** ①6002050 ②7.9 ③$\frac{6}{8}$

**1** ①100万が6こで、6000000
1000が2こで、　　2000
10が5こで、　　　　50
あわせて、6002050 です。

②1が7こで7、0.1が9こで0.9。
7と0.9で7.9になります。

③6こあつめた数は、分数の線の上に書きます。
$\frac{1}{8}$ が6こで、$\frac{6}{8}$ となります。

**2** ①5000 ②2650000 ③26500

**2** ①265000＝260000＋5000で表されます。
②もとの数の右はしに0を1つつけた数です。
③一の位の0をとった数になります。

**3** ①＞ ②＞ ③＝

**3** ①整数部分の大きさでくらべます。10と9では
10のほうが大きいので、10.1のほうが大き
くなります。

②まず、3.2＋5.7の計算をします。
3.2＋5.7＝8.9なので、9と8.9をくらべると、
9のほうが大きいです。

③まず、$\frac{5}{6}+\frac{1}{6}$ の計算をします。$\frac{5}{6}+\frac{1}{6}=\frac{6}{6}$

$\frac{6}{6}$ は1なので1と等しくなります。

**4** ①4 ②5 ③4 ④10 ⑤6

**4** ①かける数が1へると、答えはかけられる数だけ
小さくなります。

②かけ算のかけられる数とかける数を入れかえて
も、答えは同じになります。

③7のだんの九九をとなえて答えを見つけます。

④かけられる数やかける数を分けて計算しても答
えは同じになります。

⑤左からじゅんに計算しても、かっこの中を先に
計算しても、答えは同じになります。

**5** ①722 ②1421 ③5400 ④306
⑤187 ⑥1097

**5** くり上がり、くり下がりに気をつけて、一の位か
らじゅんに計算していきます。

```
①   425     ②   639     ③  3872
  ＋297       ＋782       ＋1528
    722        1421        5400

④   584     ⑤   613     ⑥  9291
  －278       －426       －8194
    306         187        1097
```

**6** 式 3008－239＝2769 答え 2769人

**6** 3008人より239人少ない数を
もとめるのでひき算になります。
答えは筆算でもとめましょう。

```
   3008
 －  239
   2769
```

1. ①6　②9　③10
　④8あまり1　⑤7あまり5
　⑥9あまり3

2. 式　41÷6＝6あまり5
　　6＋1＝7　　　　　　　　答え　7箱

3. ①567　②2035　③480　④63279

4. 式　250×7＝1750　　　答え　1750円

5. ①26　②70　③9　④48

6. 式　35÷7＝5　　　　　　答え　5倍

---

1. わる数のだんの九九を使ってもとめます。
①は4のだん、②は8のだんの九九を使って答えをもとめます。
①四六24で、答えは6です。
②八九72で、答えは9です。
③60を10が6ことみて、10が（6÷6）こ。
　10が1こなので、答えは10です。
④25÷3　　3のだんの九九を使って、
　「三八24」　あまりは、25－24＝1
⑤「七七49」　あまりは、54－49＝5
⑥「九九81」　あまりは、84－81＝3

2. 41このボールを6こずつ箱につめるので、ボールを入れる箱の数は、わり算でもとめられます。
41÷6＝6あまり5
6このボールを入れる箱の数6箱と、のこっている5このボールを入れる箱がもう1箱いるので、6＋1＝7で、箱の数は全部で7箱になります。

3. ④2けたの数をかけるときは、答えを書く位をまちがえないように気をつけましょう。

$$\begin{array}{r}63\\\times\ \ 9\\\hline567\end{array}\quad\begin{array}{r}407\\\times\ \ 5\\\hline2035\end{array}\quad\begin{array}{r}24\\\times20\\\hline480\end{array}$$

④
$$\begin{array}{r}801\\\times\ \ 79\\\hline7209\\5607\ \ \\\hline63279\end{array}$$
ここの0をわすれないようにしましょう。

4. 1こ分のねだん×こ数＝代金
と考えます。
答えは筆算でもとめましょう。
$$\begin{array}{r}250\\\times\ \ 7\\\hline1750\end{array}$$

5. ①94－68＝26
②24＋46＝70
③72÷8＝9
④8×6＝48

6. 何倍かをもとめるときは、わり算を使います。

43

**❶** 5 cm

**❶** 直径が 30 cm の円の中に同じ大きさの円が 3 つ
ならんでいるので、1 つの円の直径の長さは、
30÷3＝10（cm）　半径の長さは直径の長さの
半分なので、5 cm になります。

**❷** 午後 1 時 35 分

**❷** 午後 2 時 30 分の 30 分前が、ちょうど午後 2 時
です。55－30＝25 よりさらにその 25 分前な
ので、午後 1 時 35 分です。

**❸** 150 m

**❸** 道のりは 350＋600＝950（m）
きょりは 800 m なので、ちがいは
950－800＝150（m）になります。

**❹** ①4 m 77 cm　②5 m 22 cm

**❹** 大きなめもりは 5 m です。
①5 m より短いです。
②5 m より長いです。

**❺** 300 g

**❺** 全体の重さは、はかりのめもりをよんで 450 g
ということがわかります。
全体の重さ＝りんごの重さ＋かごの重さ より、
全体の重さ から かごの重さ をひけばりんごの重
さがもとめられます。
かごの重さ 150 g をひくと、450－150＝300
（g）となります。

**❻** ①　すきなおかし調べ

| しゅるい | 人数<br>（人） |
|---|---|
| チョコレート | 8 |
| キャラメル | 5 |
| ガム | 3 |
| その他 | 4 |

**❻** ①ぼうグラフから、それぞれの人数をよみとりま
す。ぼうグラフの 1 めもりは 1 人を表していま
す。
③すべての人数をたすと、8＋5＋3＋4＝20
で、20 人となります。

②　

③20 人

**1** ①7 ②5

**2** ①180 ②1、40 ③140秒<sup></sup>

**3** 1時間25分

**4** ①601 ②1384 ③9190 ④245
⑤652 ⑥3090

**5** ①5 ②7 ③1 ④0
⑤5あまり5 ⑥6あまり2

---

**1** ①7×4は、7×3よりかける数が1ふえているので、答えは7大きくなります。
②かけられる数とかける数を入れかえても答えは同じなので、5×6=6×5です。

**2** 1分＝60秒なので、
①3分＝60秒＋60秒＋60秒＝180秒です。
②100秒＝60秒＋40秒＝1分40秒です。
③140秒＝120秒＋20秒＝2分20秒です。

**3** 午後1時40分から午後2時までの時間は、20分。午後2時から午後3時までの時間は、60分。午後3時から午後3時5分までの時間は、5分。
20分と60分と5分をあわせて
85分＝1時間25分になります。

**4** ①十の位の計算は、一の位から1くり上がっているので、1＋7＋2＝10
百の位の計算も同じく1くり上がってくるので、1＋1＋4＝6になります。答えの十の位に0を書きわすれないようにしましょう。
②十の位の計算は、一の位から1くり上がっているので、1＋3＋4＝8　百の位の計算は、6＋7＝13　答えのけた数がふえます。

① 176  ② 638  ③ 2874
 ＋425   ＋746   ＋6316
  601    1384    9190

④一の位の計算は、十の位から1くり下げているので、13－8＝5　十の位の計算も同じく1くり下げるので、11－7＝4
百の位の計算は、十の位に1くり下げているので、4－2＝2
⑤百の位の計算は、千の位から1くり下げて、11－5＝6になります。

④ 523  ⑤ 1195  ⑥ 8369
 －278   － 543   －5279
  245     652     3090

**5** ①2のだんの九九を使ってもとめます。
二五10で、答えは5です。
②3のだんの九九を使ってもとめます。
三七21で、答えは7です。
③わられる数とわる数が同じ数のとき、答えは1になります。
④わられる数が0のとき、答えはいつも0になります。

45

**6** ①cm ②km ③m

**7** ①8m90cm ②9m25cm

**8** ①6000 ②5、800

**9** ①5分
　②右のグラフ

読書をした時間　(分)

　③8月1日のほうが、15分多く読書をした。

**10** 式　125＋798＝923
　　　1000－923＝77　　　答え　77円

**11** ①式　36÷4＝9　　　　答え　9まい
　　②式　36÷6＝6　　　　答え　6たば

**12** 式　50÷9＝5あまり5
　　　　　　答え　5本できて、5mあまる。

⑤⑥あまりをわすれないようにしましょう。
次のように答えのたしかめをしましょう。
⑤6×5＋5＝35
　もとの数の35になるので、答えは正しいといえます。
⑥8×6＋2＝50
　もとの数の50になるので、答えは正しいといえます。

**6** ②長いきょりを表す単位にkmがあります。「k」は1000を表します。おぼえておくとべんりです。

**7** 1めもりは1cmを表しています。
①9mより10cm前をさしているので、
　8m90cmです。
②20と30のめもりのちょうどまん中は25なので、9mと25cmで、9m25cmです。

**8** ①1km＝1000mなので、6km＝6000mです。
②5800m＝5000m＋800m
　＝5km800mです。

**9** ①1めもりは、10分を2つに分けた1つ分なので5分になります。
③8月1日は30分、8月3日は15分読書をしたので、ちがいは、30－15＝15で15分です。

**10** はじめに、買い物の代金をもとめます。
125＋798＝923で923円なので、
1000円から923円をひいた数がのこりの金がくになります。

**11** ①全部の数 ÷ 人数 ＝ 1人分の数 と考えます。
②全部の数 ÷ 1たば分の数 ＝ できるたばの数
　と考えます。
①と②で、答えの単位がちがうので注意しましょう。

**12** 全体の長さ ÷ 1本分の長さ ＝ できる本数
と考えて、わりきれない分をあまりにしましょう。
次のように考えて答えのたしかめをしましょう。
9×5＋5＝50
もとの長さの50mになるので、答えは正しいといえます。

**13** 式　52÷6＝8あまり4
　　8＋1＝9　　　　　　　　　答え　9まい

**13** 52このりんごを6こずつふくろに入れるので、りんごを入れるふくろの数は、わり算でもとめられます。「8あまり4」は、「りんごを入れるふくろの数8まいとあまったりんごが4こ」を表しています。あまったりんご4こを入れるふくろがもう1まいいるので、8＋1＝9で9まいとなります。

# ☆ 冬のチャレンジテスト

**1** ①26710438　②50090000
　③99999999

**2** ①77　②168　③522　④130　⑤1484
　⑥5004

**1** 位をかくにんしながら、数を書きましょう。
　③1億を数字で表してから1をひきましょう。

**2** ③十の位にくり上がった4をたすことをわすれないように注意しましょう。
　⑤⑥2けたの数にかける計算と同じように一の位からじゅんに計算します。
　けた数が多くなると、くり上がりの計算も多くなるので、気をつけましょう。

| ① 11 | ② 42 | ③ 87 |
|---|---|---|
| × 7 | × 4 | × 6 |
| 77 | 168 | 522 |

| ④ 26 | ⑤ 742 | ⑥ 834 |
|---|---|---|
| × 5 | × 2 | × 6 |
| 130 | 1484 | 5004 |

**3** ①$\frac{3}{7}$　②7　③9　④8

**3** ④分母と分子が同じ数のとき1になります。分母が8なので、1になるのは$\frac{8}{8}$のときです。
　$\frac{8}{8}$は$\frac{1}{8}$を8こあつめた数です。

**4** 二等辺三角形…③
　正三角形…②

**4** コンパスを使って辺の長さをくらべましょう。
　①④⑤3つとも辺の長さがちがう。
　②3つの辺の長さがすべて等しい。
　③2つの辺の長さが等しい。

**5** ①＜　②＝

**5** ①$\frac{3}{4}$は$\frac{1}{4}$が3こ分、$\frac{5}{4}$は$\frac{1}{4}$が5こ分なので、$\frac{5}{4}$のほうが大きくなります。
　②$\frac{10}{10}$＝1なので、2つの数は等しくなります。

**6** ①10倍…9300　　100倍…93000
　　1000倍…930000
　　10でわった数…93
　②10倍…50200　　100倍…502000
　　1000倍…5020000
　　10でわった数…502

**6** 10倍することは、数の右はしに0を1つつける、100倍することは、10倍した数をさらに10倍するので、数の右はしに0を2つつける、1000倍することは、100倍した数をさらに10倍するので、数の右はしに0を3つつける、10でわることは、一の位の0をとることになります。

**7** ① $\dfrac{5}{7}$　② 1　③ $\dfrac{3}{9}$　④ $\dfrac{1}{3}$

**7** ①$\dfrac{1}{7}$をもとにして考えると、$\dfrac{1}{7}$が（3＋2）こ分で、$\dfrac{5}{7}$ となります。

②$\dfrac{1}{2}$をもとにして考えると、$\dfrac{1}{2}$が（1＋1）こ分で、$\dfrac{2}{2}$＝1となります。

③$\dfrac{1}{9}$をもとにして考えると、$\dfrac{1}{9}$が（8－5）こ分で、$\dfrac{3}{9}$ となります。

④1＝$\dfrac{3}{3}$なので、$\dfrac{3}{3}$－$\dfrac{2}{3}$ を計算します。

$\dfrac{1}{3}$ が（3－2）こ分で、$\dfrac{1}{3}$ となります。

**8** 式　12÷2＝6　　　　　答え　6cm

**8** ボールの直径の長さ2こ分が、12cmと等しいので、ボールの直径は、12÷2＝6で6cmになります。

**9** ①15cm　②20cm

**9** ①1つの円の直径が6cmのとき、半径は

6÷2＝3（cm）

直線アイの長さは、円の半径5こ分なので、

3×5＝15で15cmとなります。

②直線アイの長さは、円の半径5こ分なので、直線アイの長さが50cmのとき、1つの円の半径は、50÷5＝10（cm）

直径は、半径の2倍の長さなので、

10×2＝20で20cmとなります。

**10** 式　1000－180＝820　　　答え　820g

**10** 全体の重さ＝みかんの重さ＋かごの重さ なので、みかんの重さは、全体の重さから、かごの重さをひいてもとめられます。

1kgを1000gになおして計算しましょう。

**11** 式　128×3＝384
384＋45＝429　　　答え　429g

**11** まず、ドーナツ3こ分の重さをかけ算でもとめます。

128×3＝384（g）

ドーナツの重さに箱の重さをたして、

384＋45＝429（g）となります。

箱の重さをたすのをわすれないようにしましょう。

**12** ①9cm　②10cm

**12** ①正三角形は、3つの辺の長さが等しいので、

27÷3＝9で、1つの辺の長さは9cmになります。

②二等辺三角形を作るには、のこりの2つの辺の長さを等しくしないといけないので、まず、27－7＝20（cm）で、のこりのひもの長さをもとめます。のこりのひもを同じ長さに分けるので、20÷2＝10で10cmとなります。

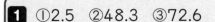

**1** ①2.5 ②48.3 ③72.6

**1** ①1が2こで2、0.1が5こで0.5。
2と0.5で2.5になります。
②　　48
　　＋　0.3
　　　48.3
③0.1が10こで1をもとに考えます。

726〈 700…0.1が100こで10なので、
　　　　　　0.1が700こで70
　　　　20…0.1が10こで1なので、
　　　　　　0.1が20こで2
　　　　6…0.1が6こで0.6

70と2と0.6で72.6になります。

**2** ①＜　②＞　③＜

**2** まず、整数部分で大きさをくらべます。
①0と1では1のほうが大きいので、1.2のほう
が大きくなります。
②10と8では10のほうが大きいので、10.1
のほうが大きくなります。
③0は何もないことなので、0.9のほうが大きく
なります。

**3** ①15.7　②35.7　③50.1　④2.1　⑤28.9
⑥34.4

**3** 筆算でするとき、小数点の位置をそろえて計算し
ます。
位がずれないように注意しましょう。
①　　　1.5　　②　26.9　　③　　　7.1
　＋14.2　　　　＋　8.8　　　＋43
　　15.7　　　　　35.7　　　　　50.1
④　　2.5　　　⑤　30.2　　　⑥　43
　－0.4　　　　　－　1.3　　　　－　8.6
　　2.1　　　　　28.9　　　　　34.4

**4** ①5、6　②9、1　③2.8　④47.3

**4** ①5.6Lは、5Lと0.6Lをあわせたかさです。
0.1L＝1dLなので、0.6L＝6dLです。
②9.1cmは、9cmと0.1cmをあわせた長さ
です。0.1cm＝1mmです。
③8dL＝0.8Lなので、2Lと0.8Lで2.8L
になります。
④3mm＝0.3cmなので、47cmと0.3cmを
あわせた長さで、47.3cmになります。

**5** ①10　②10

**5** ②かける数の12を、2と10のように分けて計
算しても答えは同じになります。

**6** ①12－4　②8＋4　③12÷4　④3×4

**6** ①□にあてはまる数は、12－4で8です。
②□にあてはまる数は、8＋4で12です。
③□にあてはまる数は、12÷4で3です。
④□にあてはまる数は、3×4で12です。

**7** ①13 ②60 ③6 ④72

**7** ①□にあてはまる数は、31−18＝13
②□にあてはまる数は、17＋43＝60
③□にあてはまる数は、48÷8＝6
④□にあてはまる数は、8×9＝72

**8** ①672 ②2546 ③2210 ④3780
⑤5076 ⑥6630 ⑦12090 ⑧29498

**8** 筆算でするとき、とちゅうの計算の位がずれないように注意しましょう。

① 16
×42
32
64
672

② 38
×67
266
228
2546

③ 26
×85
130
208
2210

④ 54
×70
3780

⑤ 423
× 12
846
423
5076

⑥ 195
× 34
780
585
6630

⑦ 186
× 65
930
1116
12090

⑧ 602
× 49
5418
2408
29498

**9** 式 3.5＋0.9＝4.4　　　　　答え 4.4 kg

**9** 子犬の体重 ＋ かごの重さ
＝ 全体の重さ と考えます。
筆算ですると、右のようになります。

3.5
＋0.9
4.4

**10** 式 8−0.2＝7.8　　　　　答え 7.8 m

**10** 全体の長さ － 切り取った長さ
＝ のこりの長さ と考えます。
筆算をするとき、8は8.0と
考えて位をそろえます。

8.0
−0.2
7.8

**11** 式 9×□＝72
72÷9＝8　　　　　答え 8こ

**11** 1こ分のねだん × 買った数 ＝ 代金
と考えます。買った数を□として、上の式にあてはめて考えます。
上の式にあてはめると9×□＝72になり、□にあてはまる数は、72÷9＝8

**12** 式 あみさんのリボンの長さを□cmとして考える。
□×3＝63　　　　　答え 21 cm

**12** あみさんのリボンの長さを□cmとして、かけ算の式に表して考えます。
□×3＝63
□＝63÷3＝21　　　　　答え 21 cm

てびき

**1** ①99064000 ②35200000

**2** ①0 ②60 ③3 ④42 ⑤902
⑥588 ⑦1075 ⑧4875

**3** ①0.4 dL ②2.9 cm

**4** ①$\frac{2}{5}$ ②$\frac{4}{7}$

**5** ①> ②< ③= ④<

**6** ①7010 ②60 ③1、27 ④5

**7** ①420 ②3、600

**8** ① ②
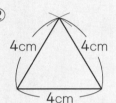

**9**
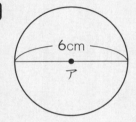
6cm
ア

**10** ①6cm ②18 cm

**11** ①式 40÷8=5    答え 5こ
②式 40÷6=6あまり4
(6+1=7)    答え 7こ

**12** ①38−□=25 ②13

**13** ①
②おかしは、
ガム、
グミ、
クッキー
が買えて、
合計は 290 円
です。

**14** ①式 390+700=1090
(1090 m=1 km 90 m)
答え 1 km 90 m

②近いのは、⑦ の道
わけ…(れい)⑦ の道のりは 1370 m、
④ の道のりは 1530 m で、⑦
の道のりのほうが短いから。

**3** ①1 dL を 10 等分したうちの 4 こ分なので、
0.1 dL が 4 こ分で 0.4 dL です。

**4** ①1 m を 5 等分した 1 こ分は $\frac{1}{5}$ m だから、2 こ分は
$\frac{2}{5}$ m です。

**6** ①1 km=1000 m ②③1 分 =60 秒 ④1000 g=1 kg

**7** ①いちばん小さい 1 目もりは 5 g です。
②いちばん小さい 1 目もりは 20 g です。

**8** どちらもまずは 1 つの辺をかきます。その辺のりょうはし
にコンパスのはりをさして、それぞれの辺の長さを半径と
する円をかきます。円の交わる点がちょう点です。
①は、3 cm の辺をいちばん下にかいても正かいです。

**9** 直径 6 cm の円は、半径が 3 cm になるので、コンパスの
はりとしんの間は 3 cm にします。

**10** ①箱の横の長さは 12 cm で、横はボールの直径 2 こ分の
長さなので、ボールの直径は、12÷2=6 で 6 cm です。
②箱のたての長さはボールの直径 3 こ分の長さなので、
6×3=18 で、18 cm です。

**11** ①同じ数ずつ分けるので、わり算を使います。
②40÷6=6 あまり 4 なので、6 こずつ箱に入れると、
6 こ入った箱は 6 こできて、4 このたまごがあまります。
そこで、このあまったたまごを入れるために、もう 1 こ
の箱がいります。だから、6+1=7 で、7 この箱がい
ります。6+1=7 という式ははぶいて、答えを 7 こと
していても正かいです。

**12** ①[はじめの数]−[食べた数]＝[のこりの数]
②          38こ          □ ＝38−25
          □こ    25こ          □ ＝13

**13** ①ぼうグラフの 1 目もりは、10 円です。
②3 このねだんをたして、300 円にいちばん近くなるも
のを考えます。ぼうグラフをみて考えたり、いろいろな
組み合わせで合計を考えたり、くふうして答えをもとめ
ます。また、ガム、グミ、クッキーのじゅん番は、入れ
かわっていても正かいです。

**14** ①1090m＝1 km 90 m という式ははぶいて、答えを
1 km 90 m としていても正かいです。
②⑦の道のりは、420+950=1370(m)、
④の道のりは、650+880=1530(m)です。
わけは、「⑦の道のりが 1370 m」「④の道のりが 1530 m」
「⑦の道のりのほうが短い」ということが書けていれば正
かいです。もちろん上の計算を書いていても正かいです。